Pierre-René Bauquis - Emmanuelle Bauquis

Préface Hubert Reeves

Comprendre l'avenir

Pétrole & Gaz Naturel

Editions Hirle

Préface

Parmi les plus graves problèmes qui pèsent sur l'avenir de l'humanité, il y a celui de l'approvisionnement en énergie. Nous sommes aujourd'hui plus de six milliards de personnes sur la Terre. On prévoit que ce nombre va continuer à croître et se stabiliser à environ dix milliards au milieu de ce siècle. Pourrons-nous donner à chacun une quantité d'énergie suffisante pour une vie (même beaucoup plus frugale que celle d'aujourd'hui) sans détériorer irrémédiablement notre habitat ?
Tel est l'immense défi qui se présente à nous.

Nous connaissons la quantité totale d'énergie dépensée par l'humanité aujourd'hui, et nous pouvons, sans trop d'incertitudes, évaluer son évolution d'ici 2050 et même 2100. L'épuisement des énergies fossiles approche assez rapidement. Cela, en soi, n'est pas une mauvaise nouvelle, puisque la diminution de leur utilisation réduira progressivement les émissions de gaz carbonique responsables du réchauffement terrestre.
Mais la question se pose : quelles énergies prendront la relève ?
Les deux principales candidates, la nucléaire et la solaire, présentent chacune une gamme de risques et de problèmes divers, aussi bien sur le plan de l'environnement que sur celui du rendement. Des choix importants s'imposent dès maintenant, auxquels les citoyens doivent faire face pour minimiser les dégâts et les risques tout en s'assurant d'un développement assez rapide pour rencontrer les objectifs des prochaines décennies. Ces choix demandent au départ une connaissance concrète des données fondamentales sur ces sujets.
Dans ce contexte, le livre de Pierre-René et Emmanuelle Bauquis me paraît être un document d'une grande importance et d'une grande pertinence. Grâce à sa longue carrière dans le domaine pétrolier, Pierre-René Bauquis est un des meilleurs spécialistes de la question. Par sa vaste documentation, le livre présente une étude dépassionnée et empreinte d'objectivité.
Je souhaiterais partager l'optimisme des auteurs sur la possibilité que l'ensemble des sources d'énergie parviennent à rencontrer d'une façon acceptable la demande énergétique future, aussi bien sur le plan du rendement que sur celui des problèmes planétaires qu'elles engendreront.

Hubert Reeves

Sommaire

1.	De l'Antiquité aux temps modernes	6
2.	Les hydrocarbures : qu'est-ce que c'est ?	10
3.	L'énergie : qu'est-ce que c'est ?	16
4.	La pétrochimie : qu'est-ce que c'est ?	20
5.	D'où viennent le pétrole et le gaz ?	34
6.	Les technologies de la chaîne pétrolière et gazière	42
7.	La saga des grandes sociétés pétrolières et gazières	84
8.	Le pétrole et le gaz : aspects économiques	94
9.	Le pétrole, le gaz et les transports	108
10.	Pétrole, gaz et environnement	118
11.	Pétrole et gaz : les dimensions politiques	132
12.	Pétrole, gaz et autres énergies au XXIème siècle	144

De l'Antiquité aux temps modernes

Le pétrole et le gaz naturel sont connus depuis la nuit des temps. Dès l'Antiquité le pétrole a connu des usages multiples, pacifiques ou guerriers, apportant le bonheur mais aussi le malheur. Il a très tôt été entouré d'une dimension mythique ou même religieuse. Cette longue et fabuleuse histoire va vous être contée.

Le pétrole des temps bibliques

Nous sommes au cinquième millénaire avant Jésus-Christ, en Mésopotamie, entre les fleuves du Tigre et de l'Euphrate (Irak actuel). C'est l'effervescence : on invente l'écriture, on construit la tour de Babel, on crée les jardins suspendus de Babylone… Les briques de terre crue ou de terre cuite qui constituent ces édifices sont jointes, entre autres, de bitume. Ce bitume ou pétrole extra-lourd était récolté en surface, là où il suinte naturellement : c'est ce que les géologues appellent des indices de surface. Non content de consolider les murs de brique, celui-ci imperméabilise les constructions. Il s'étale en revêtement sur les voies les plus importantes, celles qui mènent aux temples et aux palais, tout comme il recouvre aujourd'hui nos autoroutes. Il rend étanches les ouvrages hydrauliques, les canaux, les citernes, les digues. Il assure aussi l'étanchéité des bateaux : les *koufas*, barques de roseaux qui circulent aujourd'hui encore sur le Tigre et l'Euphrate, en étaient recouvertes. Il colle ensemble des morceaux de céramique, des lames de silex, ou les yeux des statues sumériennes qu'on peut voir aujourd'hui au Louvre. Chauffé puis solidifié, il supporte la sculpture, le découpage ; il permet ainsi de fabriquer des objets. Le bitume occupe donc une place centrale dans la civilisation mésopotamienne, civilisation qui nous a laissé un héritage majeur : rien moins que l'Ancien Testament. Il n'est donc pas étonnant qu'on y trouve de multiples allusions au pétrole. Moïse ne nous aurait pas livré les tables de la Loi si le bitume ne l'avait auparavant sauvé des eaux en calfatant son berceau.

Ces bontés sont des dons du ciel, et le pétrole se pare d'une aura magique et religieuse. Déjà en Mésopotamie, le bitume était censé écarter les mauvais esprits : on en frottait les nourrissons. Mais le caractère religieux prêté aux hydrocarbures est surtout dû au comportement du gaz naturel. Celui-ci alimente des feux spontanés perçus comme sacrés : les Mésopotamiens lisent les flammes comme des oracles. En Perse, un culte très ancien est voué à Mithra, dieu solaire qui émerge en flammes d'entre les rochers. Ce culte est réformé au VIIIème siècle avant J.-C. par Zoroastre : le dieu des Perses est désormais unique et symbolisé par le feu. Des zones d'émanation où brûlent des "feux éternels" sont consacrées en temples.

Autel de feu,
drachme de Chapour 1er
(IIIème siècle après J.-C.)

Un médicament à tout faire

Tant de vertus, réelles ou imaginaires, incitèrent à lui en prêter d'autres. Toujours en Mésopotamie, le bitume guérissait toutes sortes de maux : la première ordonnance connue, rédigée sur une tablette d'argile, prescrit le bitume contre les affections dermatologiques. Les Egyptiens l'avaient intégré, associé à d'autres produits, dans leur pharmacie. L'historien romain Pline, au Ier siècle de notre ère, observe que le bitume est prescrit contre la lèpre, la cataracte, la goutte, le leucome. Mélangé à de la soude, il guérit les dents ; avec du vin, il soigne la toux. Il soulage également les articulations et les muscles froissés. Et on en passe : les vétérinaires le recommandent contre la gale !

En France à la Renaissance, l'huile de Gabian (Hérault) est commercialisée et exportée avec la bénédiction de l'archevêque de Montpellier.

On comprend qu'au XVIIIème siècle, l'huile de Pechelbronn (Alsace) ait pu asseoir sa réputation de remède aux maladies pulmonaires et hépatiques.

Le pétrole :
un médicament universel

La plus ancienne forme de production offshore *: récolte de boules de bitume flottant à la surface de la mer sur les côtes de la Sicile au XVIème siècle.*

Le pétrole, une arme de guerre

Les caractéristiques combustibles du gaz et du pétrole n'inspirent pas qu'une terreur sacrée, elles constituent des armes efficaces : les "feux grégeois" ou feux grecs étaient constitués de pétrole brut ou de bitume enflammé.

Lors des guerres médiques entre la Grèce et la Perse, au Vème siècle avant J.-C., les Perses bombardèrent l'Aréopage d'Athènes de flèches dont le feu était alimenté par un mélange incluant du naphte (pétrole brut). Les Grecs vainquirent alors les Perses et récupérèrent l'invention. Alexandre le Grand l'utilisa. Par la suite, les Romains la perfectionnèrent : pour abréger un siège, ils catapultaient des pierres et autres projectiles massifs enrobés d'huile incendiaire contre les villes convoitées.

Au VIIème siècle, les Byzantins améliorèrent encore le procédé en projetant des marmites de terre cuite remplies de naphte, de soufre et de salpêtre, à terre comme en mer. La maîtrise du procédé contribua à leur domination militaire. Les Arabes puis les croisés en firent aussi usage.

Mais la poudre à canon, invention chinoise, sonne le glas de sa gloire. Le feu grégeois s'éteint lorsque Constantinople tombe entre les mains des Turcs au XVème siècle... pour renaître au XXème siècle sous la forme de napalm, essence gélifiée utilisée dans des lance-flammes ou dans des bombes incendiaires.

Pétrole, gaz et confort domestique

Si les hydrocarbures peuvent brûler des villes, ils peuvent aussi et surtout chauffer et éclairer les maisons, cuire la nourriture.

Déjà utilisés en Mésopotamie dans la cuisson de briques et de poteries, leur usage civil est attesté en Chine dès le VIème-Vème siècle avant J.-C. dans les écrits de Confucius.

"L'eau qu'on peut brûler" et "l'air qui sent mauvais" sont exploités dans le Se Chouan : les forages s'enfoncent à 1 000 mètres sous terre, des ancêtres de pipe-line en bambou conduisent le combustible dans un réseau d'âtres et de fourneaux, permettant l'évaporation du sel.

Le pétrole éclaire le palais impérial japonais, lubrifie les roues des chars romains.

Au Mexique, il préfigure le chewing-gum : l'épicier aztèque propose différents goûts de résine au choix. L'Amérique latine livre des traces de distilleries sommaires, à base de pots de terre.

Et déjà la Birmanie exporte son pétrole... Au XVIème siècle en Europe, la somme technique *De Re Metallica* fait le point sur ce sujet, signe d'un intérêt croissant.

Extraction, raffinage, commerce international, transport, emplois civils et militaires : à l'aube de la révolution industrielle du XIXème siècle, les ingrédients sont réunis pour que commence l'épopée moderne des hydrocarbures.

La révolution industrielle et la ruée vers l'or noir

La révolution industrielle en Europe transforme la collecte locale des indices de surface en une exploitation raisonnée des ressources pétrolières et gazières à l'échelle mondiale. Le premier "rush" pétrolier a été déclenché par la raréfaction des baleines, exterminées pour leur huile. C'est le pétrole qui, dans la seconde moitié du XIXème siècle, devient le combustible le plus utilisé dans les lampes d'éclairage, et ceci dans le monde entier.

Les pharmaciens jouèrent un rôle éminent dans les balbutiements industriels du pétrole. C'est à l'un d'eux, nommé M. Quinquet, que l'on doit notre actuelle lampe à pétrole : il a l'idée simple et géniale d'emmancher la flamme dans un tube de verre. Grâce à lui, *le Mariage de Figaro* est créé en 1784 à la Comédie-Française sous une cascade lumineuse : en pleine période des Lumières, dans un contexte déjà effervescent, c'est un symbole !

Si le XVIIIème crée la lampe à pétrole, le XIXème récolte la gloire du pétrole lampant. Un apothicaire galicien obtient par distillation en 1853 une huile incolore et légère, qui alimente des flammes inodores et claires. L'Europe de l'Est est alors en pointe : dès 1815, une première ville polonaise s'éclaire au pétrole, bientôt suivie par Prague et Bucarest.

Les distilleries sont chaque fois plus nécessaires. En France, à Pechelbronn, au XVIIIème siècle, la première concession pétrolière écrite connue est accordée par le roi Louis XV. On passe à l'eau bouillante des sables asphaltiques dont on retire différentes substances : une poix lourde pour les bateaux, une huile légère pour l'éclairage, des produits aux vertus curatives. La première distillerie de grande ampleur, ancêtre de nos modernes raffineries, s'installe à Bakou en 1830.

L'accroissement de la demande entraîne une intensification des recherches et le pétrole est désormais sollicité pour le chauffage, l'éclairage, comme lubrifiant et bientôt comme carburant. Daimler invente le moteur à explosion en 1889, produit sa première automobile en 1897 et, dès 1908, Henri Ford lance la production à la chaîne de la Ford T.

Les Etats-Unis changent de point de vue : le pétrole avait d'abord était considéré comme un fléau qui gâtait le sel, trésor minéral nécessaire à la conservation des aliments. Il devient le moteur de l'industrie et des transports. Entre 1910 et 1940, le nombre de voitures américaines se multiplie par trente. En 1930, les Etats-Unis consomment les trois quarts de la production mondiale de pétrole ; ils se lancent dans l'exploration tous azimuts, sur leur territoire… et sur celui des autres, rapidement suivis par les Européens (naissance du groupe anglo-hollandais Shell en 1907 et de l'ancêtre du groupe anglais BP en 1908).

Les hydrocarbures : qu'est-ce que c'est ?

Ce qui caractérise les hydrocarbures, c'est leur composition chimique. Ce sont des substances dont les molécules sont constituées essentiellement d'atomes d'hydrogène et d'atomes de carbone, d'où leur nom d' "hydrocarbures".

Les hydrocarbures sont des biomasses fossiles. La plus importante des biomasses actuelles est le bois, encore utilisé comme source d'énergie dans de nombreux pays.

Les hydrocarbures se présentent sous trois formes, des plus légers aux plus lourds :

• sous forme gazeuse :
- gaz naturel
- gaz de pétrole liquéfiés

• sous forme liquide :
- le pétrole
- les condensats de gaz naturel

• sous forme solide :
- les bitumes
- les charbons
- les hydrates de gaz naturel

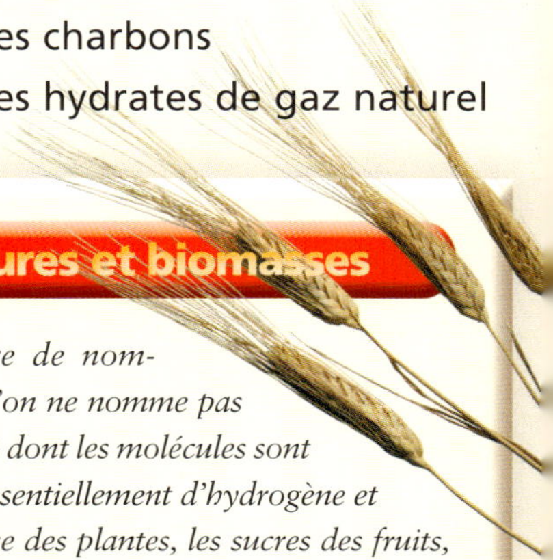

Les charbons

Des hydrocarbures à part

Traditionnellement, on ne classe pas les charbons parmi les hydrocarbures. Pourtant, aux yeux d'un chimiste, ce sont bien des hydrocarbures solides. Il sont classés à part pour deux raisons :

1) Leurs techniques de production sont différentes de celles du pétrole et du gaz : techniques minières pour le charbon, techniques par forages pour la plupart des hydrocarbures.

2) Ils diffèrent aussi du pétrole et du gaz par leur origine : les biomasses ayant donné naissance au charbon sont essentiellement des biomasses terrestres, comme les anciennes forêts du carbonifère. En revanche, les biomasses ayant donné naissance au pétrole et au gaz naturel sont essentiellement des biomasses marines, comme les algues unicellulaires et les planctons.

Il existe toute une gamme de qualités de charbons, des plus pauvres tels les lignites, aux plus riches tels les anthracites. Un charbon est considéré comme d'autant plus riche qu'il produit moins de cendres et qu'il dégage plus de chaleur.

Hydrocarbures et biomasses

Il y a dans la nature de nombreuses substances qu'on ne nomme pas "hydrocarbures", mais dont les molécules sont pourtant constituées essentiellement d'hydrogène et de carbone : la cellulose des plantes, les sucres des fruits, l'amidon des céréales. Certaines de ces substances sont d'ailleurs appelées des hydrates de carbone.

Cette parenté chimique entre hydrocarbures et grands produits de la biomasse n'est pas une coïncidence : elle reflète le fait que les hydrocarbures ont leur origine lointaine dans la biomasse.

Les hydrocarbures et les charbons proviennent en effet de biomasses fossiles. Ils sont donc une forme concentrée de l'énergie solaire qui a permis la croissance des plantes ou des planctons originels. Le processus de formation des hydrocarbures ou des charbons est très long ; il se mesure en millions d'années. Il n'est donc pas "renouvelable" à l'échelle des temps de l'histoire humaine.

Le fait que les hydrocarbures soient des biomasses fossiles est fondamental : à l'avenir, les hommes pourraient substituer une partie des usages du pétrole par l'utilisation de biomasses actuelles. Celles-ci ont l'avantage d'être renouvelables. En revanche, elles représentent des concentrations énergétiques beaucoup plus faibles que les hydrocarbures, formés au cours des temps géologiques, et c'est là un handicap très important.

CARNET DE TIR
DU BOUTEFEU

La composition des hydrocarbures

Les hydrocarbures tels qu'on les trouve dans la nature (gisements de pétrole et gisements de gaz) contiennent deux types de constituants : des hydrocarbures purs et des impuretés.

- Les impuretés existent aussi bien dans le gaz naturel (eau, gaz carbonique, azote, hydrogène sulfuré, hélium) que dans le pétrole (eau, composés azotés, composés oxygénés, composés sulfurés, métaux lourds, sels).
- Les constituants principaux tant du gaz que du pétrole sont les hydrocarbures au sens chimique du terme, c'est-à-dire des mélanges de molécules formées d'hydrogène et de carbone. Ces molécules sont appelées les "hydrocarbures purs".

Ces hydrocarbures purs se rangent en grandes familles selon la façon dont sont reliés entre eux les atomes de carbone et d'hydrogène. La principale est la famille des paraffines, aussi dites alcanes : elles constituent la quasi-totalité des gaz naturels et l'essentiel des pétroles usuels. Il existe aussi d'autres familles d'hydrocarbures, comme les oléfines, ou les aromatiques. Ces hydrocarbures jouent un rôle important pour la pétrochimie.

Les paraffines

La formule générale des paraffines est C_nH_{2n+2}. Leur nombre d'atomes de carbone est extrêmement variable : il va de 1 atome de carbone, dans le cas du méthane (formule CH_4) à plusieurs centaines d'atomes de carbone.

Les paraffines usuelles

Gazeux	Méthane	1 atome de carbone :	CH_4
	Ethane	2 atomes de carbone :	C_2H_6
	Propane	3 atomes de carbone :	C_3H_8
	Butane	4 atomes de carbone :	C_4H_{10}
Liquides	Pentanes	5 atomes de carbone :	C_5H_{12}
	Hexanes	6 atomes de carbone :	C_6H_{14}
	Heptanes	7 atomes de carbone :	C_7H_{16}
	Octanes	8 atomes de carbone :	C_8H_{18}

Les sous-familles des paraffines

Il existe plusieurs sous-familles à l'intérieur de la grande famille des paraffines. Leurs proportions respectives influenceront en particulier les caractéristiques des carburants, comme la résistance à l'explosion dite indice d'octane - pour les essences ou l'indice d'inflammabilité dit indice de cétane - pour les gazoles.

Iso paraffines (C_nH_{2n+2})

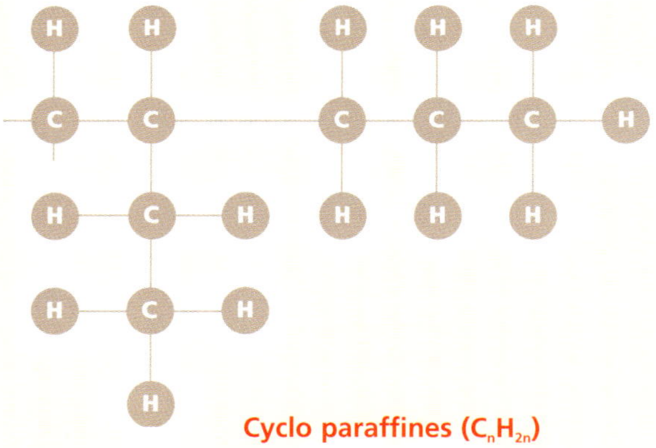

Paraffines normales (C_nH_{2n+2})

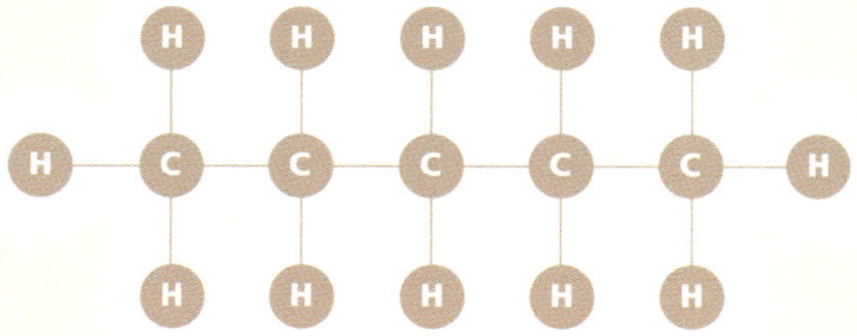

Cyclo paraffines (C_nH_{2n})

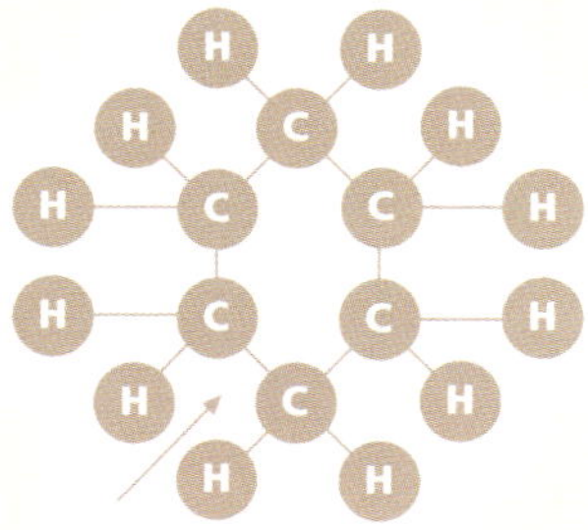

Gaz naturel, pétrole brut et produits pétroliers

Les pétroles bruts, tout comme les gaz naturels, sont donc des "cocktails" d'hydrocarbures variés, qu'on peut caractériser grossièrement par leur nombre d'atomes de carbone.

Ainsi un gaz naturel classique est constitué d'un mélange d'hydrocarbures contenant essentiellement du méthane, qui comporte 1 seul atome de carbone, mais aussi de l'éthane, du propane, du butane et des condensats à 5 ou 6 atomes de carbone (pentanes, hexanes) généralement en très faibles quantités. Pour ce qui est des pétroles bruts, ils contiendront une gamme beaucoup plus large d'hydrocarbures, allant en gros de 3 atomes de carbone (le propane) à plusieurs centaines d'atomes.

La composition exacte de ces "cocktails d'hydrocarbures" est propre à chacun des gisements de gaz ou de pétrole : cette composition est donc une sorte de signature permettant, à partir d'un échantillon de gaz ou de pétrole, d'identifier son gisement d'origine.

Les produits pétroliers sont, quant à eux, des "sous-cocktails" extraits principalement par distillation - des "cocktails d'hydrocarbures" que constituent les pétroles bruts *(voir chapitre 4)*.

En effet, la principale caractéristique d'un produit pétrolier est sa température d'ébullition : on verra que la principale opération du raffinage est la distillation, opération qui est en fait une succession d'ébullitions.

Plus les molécules constituant un produit pétrolier contiennent d'atomes de carbone, plus la proportion de carbone par unité de masse de ce produit sera élevée. Plus il comporte d'atomes de carbone, moins un hydrocarbure sera volatil, donc plus il est difficile de le faire bouillir, c'est-à-dire plus sa température d'ébullition sera élevée.

Il y a en effet une continuité d'évolution des grandes caractéristiques des hydrocarbures et des produits pétroliers en allant des plus légers (le gaz naturel en particulier le méthane) aux plus lourds (les bitumes… ou même le charbon).

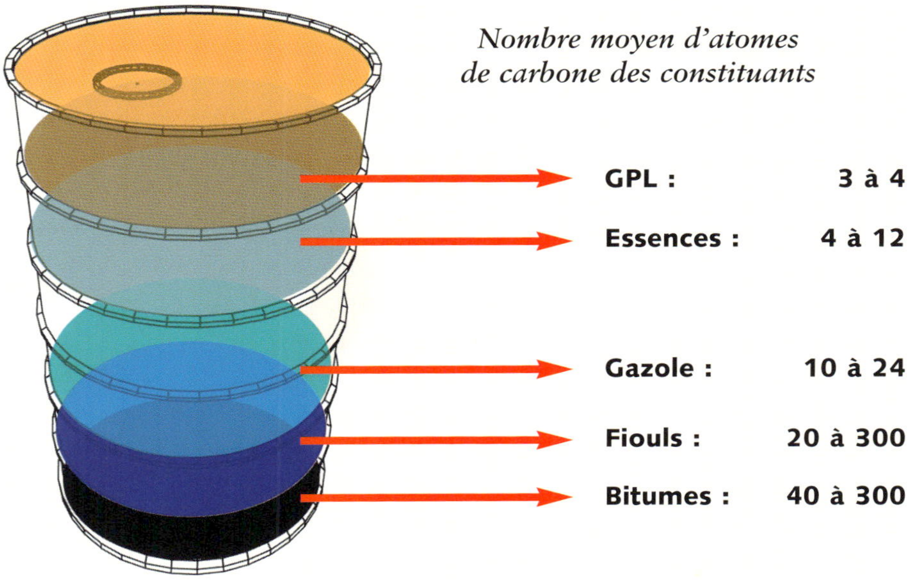

Richesse en carbone et grandes caractéristiques liées

Produits pétroliers et charbon (*)	Nombre moyen d'atomes de carbone des molécules constituantes	Température d'ébullition des composants	Proportion de carbone dans la masse du produit	% Hydrogène en masse	% Soufre en masse (moyenne)
Butane des briquets à gaz et des bouteilles GPL	4	-5° - +2° C	83%	17%	négligeable
Essence	4-12	15-180° C	86%	14%	négligeable
Gazole	10-24	150-370° C	86%	14%	négligeable
Fiouls	20-300	300-700° C	86%	11%	3%
Bitumes	40-300	500-700° C	86%	10%	4%
Charbons	structure non moléculaire	solide	92%	5%	3%

(*) Classés depuis les plus légers jusqu'aux plus lourds.

La constitution de la matière : une image inaccessible à nos sens

Il est très difficile de se représenter ce qu'est la matière à l'échelle des molécules et des atomes, car il s'agit de dimensions beaucoup plus petites que celles que nos sens sont capables d'observer, et donc de ce que notre cerveau peut concevoir.
Avec une bonne vue, on distingue des détails mesurant un dixième de millimètre, et si notre vue est faible nous ne distinguerons que les détails mesurant un millimètre par exemple.

En ce qui concerne les atomes et les molécules, les dimensions se mesurent en 10^{-9} mm, c'est-à-dire en milliardièmes de millimètres ou nanomètres.
Voilà qui n'est pas facile à imaginer. Les schémas ci-dessous de quelques molécules illustrent les dimensions à l'échelle des molécules :

Quelques molécules

Distances en milliardièmes de millimètre ou nanomètres :

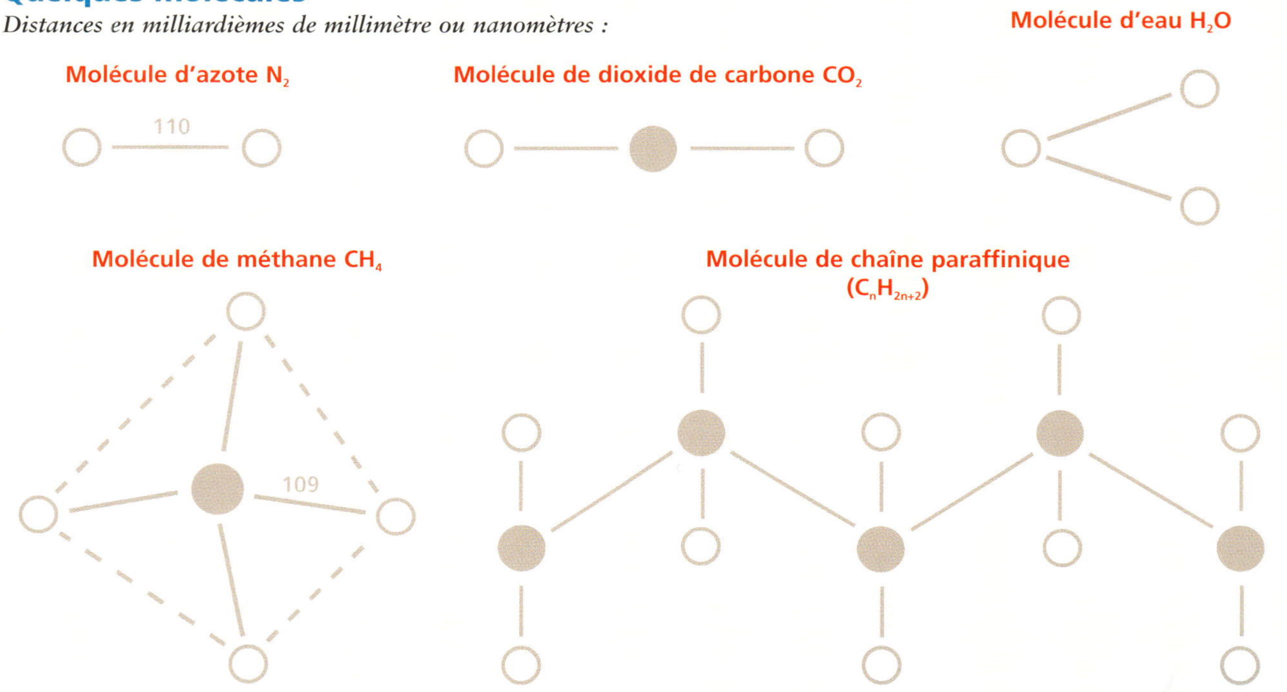

Si l'on essaie maintenant de se représenter la structure de la matière formée par des assemblages d'atomes (métaux par exemple) ou par des assemblages de molécules (pétrole par exemple), nos sens sont encore plus incapables de percevoir celle-ci.
Même si nous avons étudié la physique, il est quasi impossible de concevoir que la matière telle que nous la connaissons est faite essentiellement de vide, avec un tout petit peu de "vraie" matière, c'est-à-dire les particules qui constituent les atomes (neutrons, protons, etc). La seule façon d'essayer de comprendre cela serait une image : à l'intérieur de la matière (que ce soit la matière constituant une petite cuillère ou celle constituant un litre de pétrole), le volume occupé par les particules par rapport au volume vide serait comparable au volume d'une mouche (les particules) qui volerait dans la cathédrale de Notre-Dame-de-Paris (le vide).

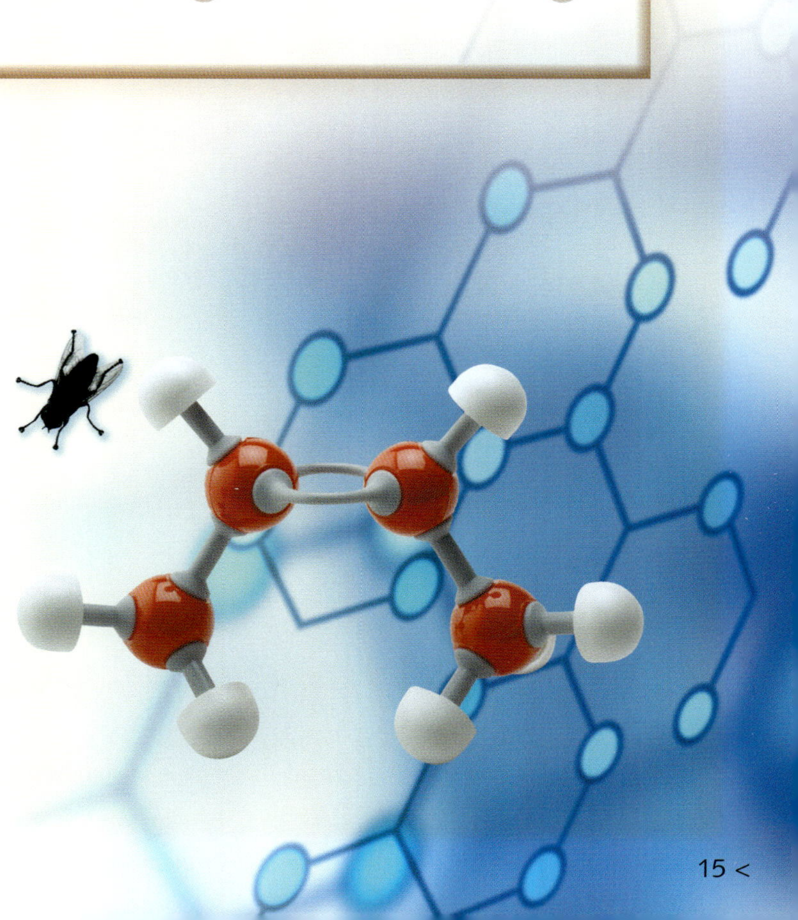

L'énergie : qu'est ce que c'est ?

Nous avons tous une notion intuitive du mot "énergie". Lorsque je me sens "plein d'énergie", je me sens plein de forces, prêt pour l'action. Eh bien, au plan scientifique, le sens du mot "énergie" est pratiquement le même. L'énergie est la propriété d'un système physique capable de produire du travail ou une action : production de force mécanique (énergie pour faire avancer la voiture ou le train), dégagement de chaleur (énergie pour chauffer le repas ou l'eau de la douche).

La quantité d'énergie fournie dépend de l'intensité de ce travail ou "puissance" et du temps pendant lequel cette puissance est fournie.

Energie = Puissance x Temps

Exemple 1

Supposons qu'une voiture d'une puissance de 80 chevaux roulant à 100 km/h consomme 6 litres de carburant aux cent kilomètres. Elle consomme donc 6 litres en une heure, 12 litres en deux heures, 18 litres en trois heures etc. Sa puissance est constante (80 chevaux), mais l'énergie qu'elle consomme (la quantité de carburant) est proportionnelle au temps d'utilisation.

Exemple 2

Lorsque nous laissons allumée une lampe électrique comme une grosse lampe halogène d'une puissance de 1000 watts, soit 1 kW (1 kilowatt), celle-ci aura consommé au bout d'une heure une énergie égale à 1 kWh (1 kilowattheure), au bout de deux heures de 2 kWh et ainsi de suite. C'est pourquoi EDF facture aux abonnés des "kilowattheures", c'est-à-dire l'énergie qu'ils ont consommée au cours du mois ou du trimestre.

Les différentes formes d'énergie

L'énergie existe sous plusieurs formes :

L'énergie mécanique : celle des muscles, des moteurs

L'énergie calorifique : celle de la chaleur, du chauffage

L'énergie sous forme d'ondes : celle de la lumière, des lasers

L'énergie cinétique : celle du javelot, de la balle du fusil

L'énergie chimique : celle des explosifs, des carburants

L'énergie nucléaire : celle des centrales nucléaires, des bombes atomiques

Il s'agit de différentes formes de la même chose. C'est pourquoi toutes ces formes d'énergie peuvent se mesurer avec les mêmes unités.
Toutes les actions de l'homme ou de la nature mettent en jeu ces différentes formes d'énergie et leur perpétuelle transformation de l'une en l'autre…

Unités de puissance et équivalences

Puissance	Equivalences
Kilowatt (kW)	1 kW = 1,35 CV
Cheval vapeur (CV)	1 CV = 736 W = 0,736 kW
Quelques exemples	
Lampe électrique - 100 W	0,1 kW
Fer à repasser - 1 000 W	1 kW
Petite voiture - 60 CV	44 kW
Grosse voiture - 200 CV	147 kW
1 grosse éolienne - 1 MW	1 350 CV
1 tranche nucléaire - 1 000 MW	1 350 000 CV

Unités énergétiques et équivalences

Energie	Equivalences
Kilowattheure (kWh)	1 kWh = 1,35 cvh
Tonne équivalent pétrole (tep)	1 tep = 11,632 kWh
Baril équivalent pétrole (bep)	1 tep = 7,3 bep
Joule	1 tep = 41,8. 10^9 joules
1 kWh	100 g d'essence ou gasoil
1 tep	1 000 m^3 de gaz naturel

Un exemple : l'homme

Un homme au repos consomme environ 2,5 kWh par jour, soit en permanence autant qu'une ampoule électrique de 100 Watts (100W x 24h = 2,4 kWh). Cette consommation peut être multipliée par cinq et même par dix lors d'une activité sportive intense.

Les différentes sources d'énergie

Les diverses formes d'énergie sont, dans la pratique, produites à partir d'un certain nombre de sources d'énergie. Celles-ci servent à produire de l'énergie d'une façon utilisable par chacun de nous.
Lorsque nous pouvons acheter ces énergies, celles-ci sont dites "énergies commerciales".

Il convient de distinguer les véritables sources d'énergie, dites "énergies primaires", et les énergies qui en sont dérivées, qu'on nomme souvent "vecteurs énergétiques". Ces formes dérivées permettent un transport et une utilisation plus facile que celles des sources primaires.

Les sources d'énergie

Sources primaires

Energies fossiles : *énergies concentrées mais non renouvelables (énergie solaire stockée au cours des temps géologiques)*

- Charbon
- Pétrole
- Gaz naturel

Energies nucléaires : *énergies très concentrées*

- Fission : centrales nucléaires actuelles
- Fusion : soleil, centrales nucléaires à très long terme ?

Energies renouvelables : *énergies diluées ou diffuses mais renouvelables (sauf la géothermie, elles résultent de l'énergie solaire actuellement reçue par la terre).*

- Hydraulique
- Solaire • Eolienne • Biomasse
- Géothermique

Vecteurs d'énergie

Energies "secondaires" produites à partir des sources primaires

- L'électricité
- L'hydrogène

Avant l'apparition du charbon, l'Europe exploitait l'énergie issue du bois, des moulins à eau et des moulins à vent. Ici, un moulin célèbre : situé en Provence, il a inspiré à Alphonse Daudet ses fameuses Lettres de mon moulin.
Ces moulins à vent avaient la puissance d'environ 1 cheval, soit environ 50 fois moins que la puissance d'une petite voiture automobile actuelle (Twingo / Renault, Polo / Fiat, Lupo / Volkswagen, 106 / Peugeot).

Dans chaque pays, on peut comptabiliser chacune des sources d'énergie utilisées et dresser ainsi le bilan énergétique de ce pays.
Pour qu'un tel bilan ait un sens, il faut mesurer toutes ces sources d'énergie avec la même unité. Jusque vers la première moitié du XXème siècle, on utilisait les tec (tonnes équivalent charbon), et depuis on les exprime généralement en tep (tonnes équivalent pétrole).
Le graphique donne un bilan énergétique en l'an 2000 de l'ensemble du monde.
Il faut savoir que de tels bilans sont relativement arbitraires et donc imprécis car ils dépendent des conventions retenues pour établir les équivalences entre diverses formes d'énergie.

Sources énergétiques

en 2000 dans l'ensemble du monde

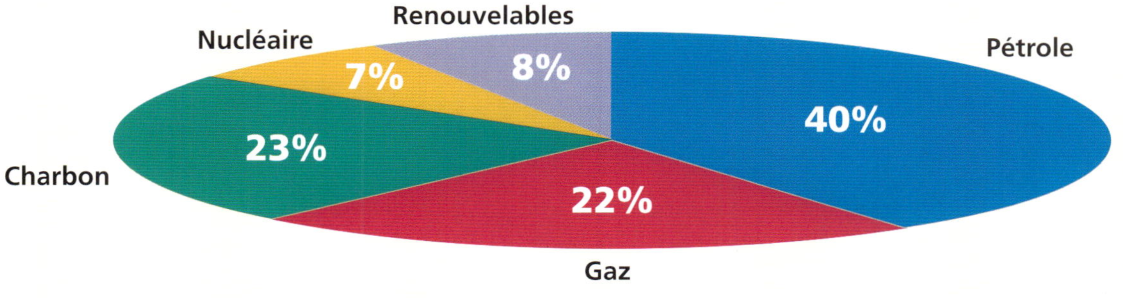

Ce changement d'unité traduit le fait que c'est le pétrole qui a été le principal moteur de la révolution technique et sociale du XXème siècle.
Son succès est dû à plusieurs de ses caractéristiques :
- C'est une énergie concentrée : on peut traverser la France avec un plein de gazole ou d'essence.
- C'est une énergie facile d'emploi : elle est facile à stocker et à transporter.
- C'est une énergie bon marché à produire, même si les taxes la rendent chère à la pompe.
- Ses utilisations sont multiples :
  - comme énergie domestique (chauffage, cuisine, climatisation...),
  - comme énergie industrielle (chaudières, fours, moteurs industriels...),
  - comme carburant dans les transports (automobiles, avions, navires...),
  - comme matière première (pour les plastiques, les fibres synthétiques...).

Son avenir au XXIème siècle dépendra des capacités des hommes à surmonter trois obstacles principaux :

- La question des réserves
- Les problèmes d'environnement urbain
- La question des émissions de gaz à effet de serre et du changement climatique

Avant d'aborder ces grandes questions du futur, voyons comment s'est déroulée la fabuleuse épopée du pétrole jusqu'à nos jours.

La pétrochimie : qu'est-ce que c'est ?

Tous les constituants de l'écorce terrestre, minéraux, végétaux ou animaux sont formés d'atomes (éléments fondamentaux) et de molécules (combinaison d'atomes) en interactions permanentes. Ce sont ces interactions que l'homme utilise dans ses industries chimiques afin de produire plus rapidement et plus efficacement ce que la nature produit lentement.

L'industrie chimique permet donc de fabriquer de nombreux produits dits "synthétiques" par opposition aux produits dits "naturels". Ces produits synthétiques, généralement moins chers à produire que ceux que pourrait fournir la nature, sont souvent dotés, pour les utilisateurs, de caractéristiques supérieures à celles des produits naturels. C'est pourquoi les produits synthétiques tendent à remplacer toujours plus les produits naturels.

Traditionnellement, l'industrie chimique est divisée en deux grandes branches : la chimie minérale et la chimie organique, ou chimie du carbone. La chimie organique a connu une première phase d'expansion entre la Première Guerre mondiale (1914-1918) et la Seconde Guerre mondiale (1939-1945). Elle était alors largement basée sur le charbon. C'est pourquoi on l'appelait "carbochimie". Depuis la Seconde Guerre mondiale, cette chimie organique a reposé de plus en plus sur le pétrole et le gaz, d'où son nom de "pétrochimie". L'essentiel de la pétrochimie dérive du pétrole ou plutôt de certaines "coupes pétrolières" et de l'éthane extrait du gaz naturel.

L'exemple des fibres textiles

Prenons l'exemple des fibres textiles. Les fibres naturelles les plus connues sont la laine des moutons et des chèvres, et le coton poussant sur des arbustes dans les pays chauds. On peut aussi citer le lin, le chanvre, le sisal, la laine de chameau ou

En juin 1944, l'armée américaine débarque en Normandie et joue un rôle décisif dans la libération de la France. Les Français découvrent le chewing-gum et les "bas nylon".

d'alpaga, ou la soie produite par les vers à soie. Les fibres artificielles, quant à elles, ont d'abord été dérivées de la cellulose du bois : la rayonne, aussi dite soie artificielle, a été inventée dès 1884 ; elle a été suivie de la viscose et de la fibranne. Puis ont été créées des fibres réellement synthétiques, produites à partir du pétrole, dont les plus connues sont les nylons (fibres polyamides) mis au point en 1938 par la société américaine Dupont de Nemours.

Il existe de nombreuses autres familles de fibres synthétiques produites à partir du pétrole et utilisées dans les industries textiles, de la fabrication des sous-vêtements à celle des moquettes, des bâches aux couettes de lit. On trouve ainsi des fibres polyacryliques comme l'Orlon, des fibres polyvinyliques comme le Rhovyl, des fibres polyuréthanes comme le Lycra, des fibres polyesters comme le Tergal ou le Dacron, ou des fibres polyaramides aux usages très spécialisés comme le Kevlar. Doté d'une très grande résistance mécanique, il s'utilise dans les gilets pare-balles, les enveloppes de ballons-sondes ou les voiles des bateaux de courses.

Dans les emballages, les plastiques tendent de plus en plus à remplacer le métal, le papier, le carton et le bois.
Savez-vous d'où vient le mot "plastique" ? Il s'agit d'un mot grec, plastikos, *qui signifie "peut être façonné par modelage".*

Les produits issus du gaz naturel

Le méthane, qui est le composant essentiel des gaz naturels, n'est pas une matière première de choix pour la pétrochimie : comme la molécule de méthane est très stable, il faut dépenser beaucoup d'énergie pour la briser avant de pouvoir l'utiliser. Le méthane ne permet actuellement de fabriquer qu'une gamme assez limitée de produits chimiques. Il est utilisé essentiellement pour produire de l'hydrogène et ses grands dérivés comme l'ammoniac, élément de base des engrais azotés, ou le méthanol. Le méthanol est l'élément de base de la chimie du formol, celle des colles et des adhésifs, ou de certains plastiques spécialisés pour le moulage d'objets résistants, dits plastiques thermodurcissables, utilisés par exemple pour le petit électroménager (fers à repasser, rasoirs électriques...). Mais à l'avenir, il n'est pas impossible que le méthane devienne une matière première majeure de la pétrochimie : on peut en effet produire à partir du méthanol presque tous les "grands intermédiaires" par le processus MTO (*Methanol to Olefins*).

Les principales productions issues de la pétrochimie sont les suivantes :

matières plastiques :
des bouteilles d'eau minérale aux coques de voiliers.

fibres synthétiques :
des anoraks aux couche-culottes.

caoutchoucs synthétiques :
des gants de ménage aux pneus automobiles.

engrais azotés :
des aliments pour plantes en pots aux épandages massifs de l'agriculture moderne.

détergents :
des lessives au traitement des minerais.

Usages croissants des produits pétrochimiques

Les principaux produits de la pétrochimie ont connu une croissance très rapide au cours de la deuxième moitié du XXème siècle.

	Produits finis issus de la pétrochimie		
Production mondiale (en millions de tonnes)	**1950**	**1970**	**2000**
Matières plastiques	1,5	30	140
Fibres synthétiques	0,1	5	22
Caoutchoucs synthétiques	0,5	6	10
Détergents synthétiques	0,5	9	10
Autres	0,4	7	10
Production totale issue de la pétrochimie	3	57	192

La pétrochimie repose essentiellement sur quelques produits de base dits “grands intermédiaires” : éthylène, propylène, butadiène, benzène…
Ces “grands intermédiaires” sont obtenus le plus souvent à partir des vapocraqueurs. Par polymérisation ou par transformations successives, ils donneront naissance aux produits finis. Le succès de ces produits finis fait qu’une part croissante de la production pétrolière mondiale est utilisée pour la pétrochimie.
Les produits pétrochimiques serviront souvent de bases pour la chimie fine et donc pour la production de produits pharmaceutiques, de produits de beauté, de parfums, de produits phytosanitaires.

Outil de base : le vapocraqueur

L’essentiel des grands produits de base de la pétrochimie est obtenu dans des unités spécialisées appelées des “vapocraqueurs” ou *steam crackers* en anglais, car on y fait réagir à haute température des hydrocarbures avec de la vapeur d’eau.
Ces unités sont le plus souvent construites à proximité des grandes raffineries, car celles-ci produisent les “charges à craquer” et assurent la valorisation de certains co-produits du craquage. De plus, leur technologie s’apparente beaucoup à celle des unités de conversion du raffinage.

Part de la production mondiale de pétrole utilisée pour la pétrochimie*

1950	1970	2000
1%	5%	8%

* y compris les autoconsommations de la pétrochimie.

Un vapocraqueur

Le vapocraquage

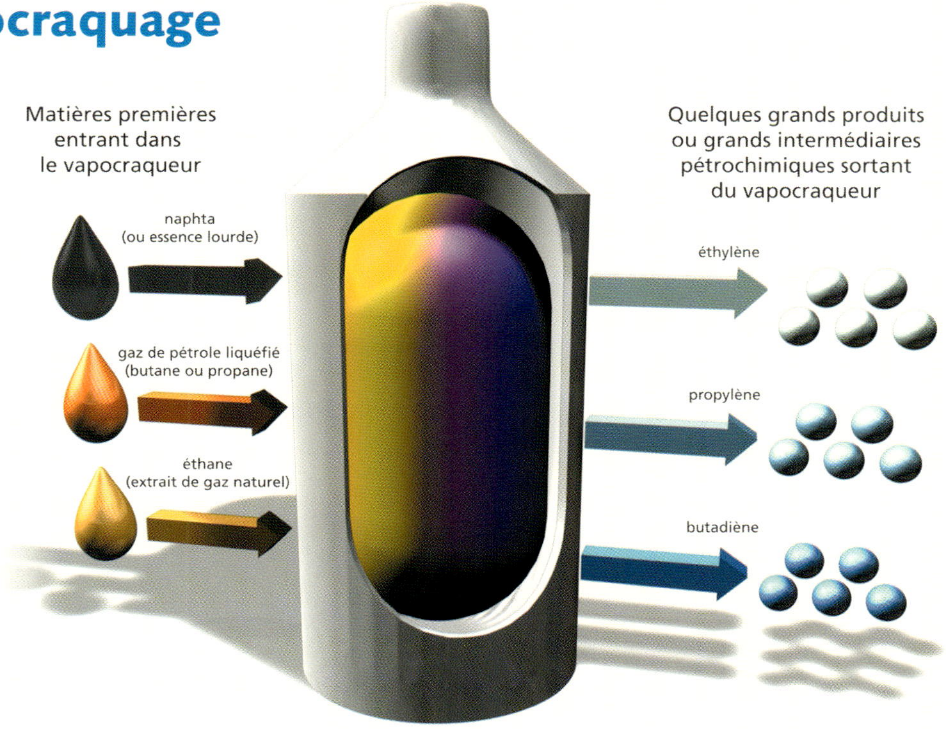

Le schéma indique les trois principaux types de "charges" ou matières premières qu'on utilise pour faire fonctionner les vapocraqueurs. Ces charges proviennent de l'industrie du raffinage (naphta, GPL) ou sont extraites à partir des champs de gaz naturel (éthane, GPL).

On voit là un des nombreux liens entre industries du pétrole et industries du gaz : selon les cas, les vapocraqueurs seront localisés à proximité des raffineries ou à proximité des champs de gaz naturel.

Le craquage consiste à briser les molécules du naphta (essence brute) ou des autres matières premières en présence de vapeur d'eau pour donner les grands intermédiaires ou monomères. Pour briser ces molécules, on leur fait subir un puissant choc thermique (plus de 800°C) pendant un temps très court (quelques millisecondes). Cette réaction consomme beaucoup d'énergie : en langage de chimiste, elle est très endothermique. Pour contrôler ou arrêter ensuite les réactions chimiques, on procède à un refroidissement rapide ou *quench*. Plusieurs facteurs influencent la réaction : température, pression, temps de réaction. C'est le jeu de ces paramètres qui permet d'ajuster les quantités des "grands intermédiaires", c'est-à-dire les produits récupérés au sortir des unités de séparation situées en aval. Selon ces paramètres et selon la nature des charges, on peut obtenir des proportions variables des grands monomères : éthylène, propylène, butène, et des produits annexes du *steam cracking* comme de l'hydrogène, de l'éthane, des essences riches en aromatiques, des résidus.

Au total, un vapocraqueur consomme beaucoup d'énergie, puisqu'il nécessite à la fois des fours puissants et des capacités de réfrigération et de compression très importantes.

Les chimistes utilisent cet outil de haute technologie pour fabriquer des monomères exempts d'impuretés. Les teneurs en impuretés devront se réduire en pratique à quelques "parties par million" ou "ppm" (c'est l'équivalent d'un millimètre par rapport à une distance d'un kilomètre !)

Ce sont enfin de très grandes installations : les vapocraqueurs de naphta peuvent atteindre voire dépasser une capacité de traitement de 2 millions de tonnes/an.

Une telle unité produit par exemple 600 000 tonnes/an d'éthylène, 300 000 tonnes/an de propylène, 200 000 tonnes/an de butènes et 400 000 tonnes/an d'essences riches en aromatiques.

Monomères et polymères

Les "grands intermédiaires" sont des molécules simples (ou monomères) qui peuvent être transformées par combinaison entre elles pour donner des molécules complexes, les polymères.
L'éthylène et le propylène, grands intermédiaires essentiels de la pétrochimie, donnent naissance par polymérisation aux matières plastiques les plus usuelles : le polyéthylène et le polypropylène.
Ces matières plastiques sont très largement employées pour la fabrication de sacs ou de bouteilles en plastique.

La polymérisation

La polymérisation consiste à amener des molécules simples dites monomères à s'unir en de longues chaînes de molécules dites polymères. Cette opération nécessite différents catalyseurs (Ziegler-Nata, métallocènes…) qui orientent les réactions. Là aussi la pression et la température sont des facteurs essentiels.

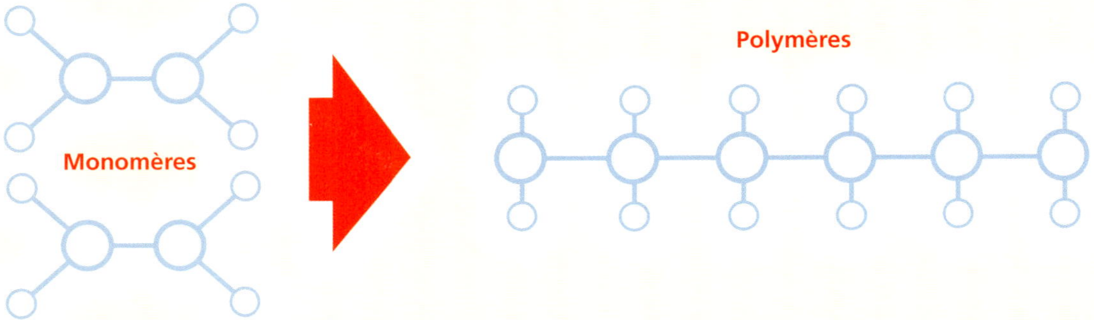

La pétrochimie est consacrée à la fabrication de produits de forts tonnages et d'assez faibles valeurs unitaires. Disons que si le pétrole vaut entre 15 et 30 € par baril, soit entre 100 et 200 € par tonne, le naphta vaudrait entre 250 et 350 € par tonne et les matières plastiques les plus usuelles (polyéthylène, polypropylène) vaudraient entre 600 et 1 000 € par tonne, soit environ cinq fois plus à la tonne que le pétrole.
Au-delà de la pétrochimie existe toute une industrie de transformation spécialisée qui donne naissance à une très large gamme de produits, fabriqués en quantités nettement plus faibles et dont les prix sont sensiblement plus élevés.

Les étapes et les produits les plus importants de la pétrochimie

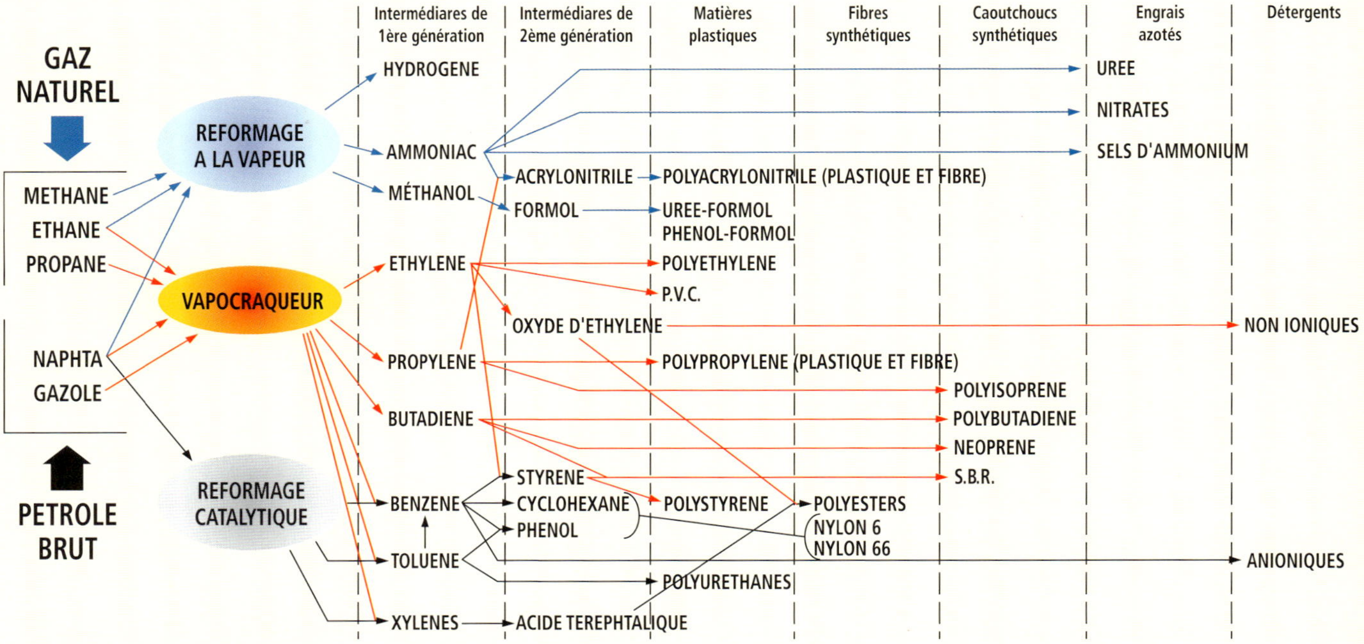

A l'extrémité de cette chaîne de procédés de plus en plus complexes, on trouve les industries dites de "chimie de spécialité" ou de "chimie fine", comme la chimie des pesticides ou la pharmacie.
Plus on s'éloigne de la chimie de base pour aller vers la chimie des spécialités - donc des produits de plus en plus élaborés - plus ceux-ci seront chers à produire.
Ainsi des grands polymères produits en millions de tonnes par an à l'échelle mondiale ont des prix de l'ordre de 1€ par kilogramme.
En revanche, les produits de spécialités produits en milliers ou dizaine de milliers de tonnes par an à l'échelle mondiale ont des prix de l'ordre de 10 € ou quelques dizaines d'euros par kilogramme.

Pour ces produits très spécialisés, nécessitant des coûts de recherche et de transformation très élevés, la matière première pétrolière, gazière ou autre n'entre que pour un faible pourcentage dans leur prix de revient et peut même devenir pratiquement négligeable.
Alors que pour les grands intermédiaires comme l'éthylène, la matière première pétrolière ou gazière représente de l'ordre de 50% du coût de production et parfois plus, ce pourcentage tombe à 1% et parfois moins pour les cosmétiques (crèmes de soins, rouges à lèvres), les produits phytosanitaires (produits chimiques utilisés pour l'agriculture), ou pour les spécialités pharmaceutiques.

Les matières plastiques et l'environnement

Largement utilisées dans l'automobile, dans le bâtiment et dans l'emballage, les matières plastiques risquent de contribuer à la dégradation de notre environnement, du fait de leur faible biodégradabilité (sachets et débris d'emballages plastiques le long des routes ou sur les plages par exemple). L'industrie des matières plastiques fait cependant de gros efforts pour apporter sa contribution à la lutte pour la préservation de l'environnement.

Ainsi, l'utilisation des matières plastiques dans les automobiles réduit leur poids, donc leur consommation de carburant, ce qui est favorable à la préservation de l'environnement (réduction de l'impact sur la pollution urbaine et en matière d'effet de serre).

De plus les matières plastiques favorisent le recyclage des automobiles en fin de vie : selon les normes européennes, depuis 2002, les automobiles doivent être recyclables pour 80% de leur poids.

Il en est de même dans le domaine des emballages : dès aujourd'hui près de 50% des tonnages de matières plastiques utilisées dans le monde comme emballages (films, bouteilles, récipients divers) sont recyclés après usage.

Pétrole et gaz : matières premières de spécialités

Pour le gaz, tous ses usages comme matière première et toutes ses transformations en produits non énergétiques sont du domaine de la pétrochimie. Pour le pétrole, en revanche, il existe de nombreux usages non énergétiques, en dehors de ceux déjà décrits comme faisant partie de la pétrochimie. Parmi ces produits non énergétiques, les plus importants sont :

- **Les bitumes (routiers ou autres)**
- **Les lubrifiants (huiles et graisses)**
- **Les cires et les paraffines**

le macadam

C'est un ingénieur écossais, John Mac Adam (1759-1836), qui avait inventé un revêtement routier à base de petits cailloux ou gravillons compactés par pilonnage manuel, puis par des rouleaux-compresseurs. Combinée à un enrobage de bitume des gravillons, cette invention donna naissance à notre "macadam" du XXème siècle.

1. Les bitumes

Le bitume naturel était connu dès l'Antiquité à Sumer, en Egypte ou en Grèce *(voir chapitre 1)*.
On le récoltait alors dans des gisements situés en particulier le long de la vallée du Jourdain et de la Mer morte. Celle-ci s'appelait aussi "Lac Asphaltique" car on y récupérait des boules de bitume flottant sur l'eau, d'où le nom de bitume de Judée donné à celui-ci.

Que nous apprend ce retour sur le passé ?
- Les mots "asphalte" (mot d'origine grecque) et "bitume" (mot d'origine latine) sont dans la pratique quasi-synonymes.
- Ces bruts ultra-lourds peuvent arriver naturellement à la surface, à terre comme en mer. Ces indices naturels peuvent alors être exploités par les hommes, en carrière ou par simple ramassage.
- Ces gisements ou émanations naturelles de pétroles bruts ultra-lourds font en fait bon ménage avec l'environnement : ce sont des produits naturels et non des produits agressifs vis-à-vis des plantes ou des animaux.

Depuis longtemps, les bitumes servent à rendre étanches les toitures ou les terrasses.

Après avoir été employés pour leur étanchéité (terrasses, bateaux) les bitumes s'imposeront au XXème siècle dans les revêtements des chaussées et des trottoirs. Le développement massif de leur utilisation au XXème siècle est lié à celui de l'automobile et des réseaux routiers : ce développement sera assuré en produisant des bitumes dans les raffineries.
Non seulement ils permettent de donner aux routes un revêtement souple, étanche et résistant, mais ils sont, pour l'industrie du raffinage, le complément idéal des besoins en carburant. En effet, dans la distillation du pétrole brut dans les raffineries, les carburants utilisent des fractions liquides légères (essences, gasoil) tandis que les fractions les plus lourdes, les bitumes, n'ont pas d'utilisation énergétique… alors que ce sont de remarquables matières premières pour faire le revêtement des routes dont ont justement besoin les automobiles.
A la veille de la Seconde Guerre mondiale, il y avait encore quatre sources de "liants routiers" dont l'une d'origine biologique, les goudrons de bois…
Aujourd'hui, environ 95% des bitumes utilisés dans le monde proviennent de la catégorie 2, c'est-à-dire que ce sont des "bitumes pétroliers".
Ce sont donc des bitumes produits à partir de pétrole brut dans des raffineries. Les 5% restants se partagent entre des bitumes naturels - extraits dans des mines d'asphalte - et des goudrons de houille, le plus souvent des sous-produits de la production du coke.

Les liants bitumineux et le pétrole
Une vision avant la Seconde Guerre mondiale

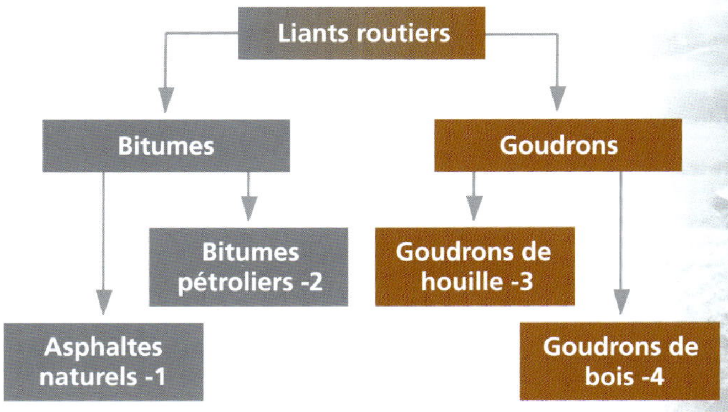

Les bitumes produits par raffinage du pétrole

Ceux-ci constituent donc aujourd'hui la quasi-totalité des bitumes produits dans le monde : près de 95 millions de tonnes sur un total d'une centaine de millions de tonnes. Les différences de qualité des produits finis correspondront aux différents usages finaux auxquels ils sont destinés : sous-couches routières, revêtements de surfaces, bitumes d'étanchéité et autres usages encore. Ainsi, on n'emploiera pas le même bitume si l'on doit couvrir une route dans une région tropicale ou dans une région froide, un court de tennis ou le fond d'une piscine. Même entre un trottoir et une chaussée, les techniques et les bitumes sont largement différents ! Aussi produit-on plusieurs types de bitumes, répondant aux critères suivants :

- densité
- dureté
- durabilité
- température de passage à l'état visqueux
- résistance au cisaillement.

Toutes ces caractéristiques physiques ou mécaniques sont dues essentiellement à deux facteurs : les types de pétroles bruts utilisés et les types de traitement utilisés dans les raffineries.

Les pétroles utilisés pour produire les bitumes sont souvent les bruts les plus lourds. Les bitumes sont eux-mêmes issus de la fraction la plus lourde des bruts. Cette fraction peut représenter de 10 à 90% des bruts en question, selon leur densité (plus ils sont lourds et plus ils contiennent de bitume).

Ces bitumes ont pour particularité d'être constitués d'hydrocarbures très riches en carbone : leurs molécules contiennent entre 40 et 300 atomes de carbone. De ce fait, ces hydrocarbures très lourds sont très peu volatils ; leur température d'ébullition est très élevée : de l'ordre de 500°C. Ils restent dans le fond des colonnes de distillation principales des raffineries, les colonne de distillation à pression atmosphérique, d'où leur nom de "résidus atmosphériques". Pour alourdir encore ces résidus, on leur fait subir une seconde distillation dans des colonnes spécialisées, dites de distillation sous vide : on obtient alors des "résidus sous vide". Les propriétés des bitumes obtenus par ces distillations successives seront améliorées par des procédés annexes de finissage, tels que l'oxydation par soufflage à l'air, l'addition de polymères, l'émulsification.

Attention !
Il ne faut pas confondre les "bruts à bitume" avec les "sables bitumineux" ou "sables asphaltiques", sources de pétrole appelées à jouer un rôle important à l'avenir, ni avec les "schistes bitumineux".

La voiture, la route et le pétrole

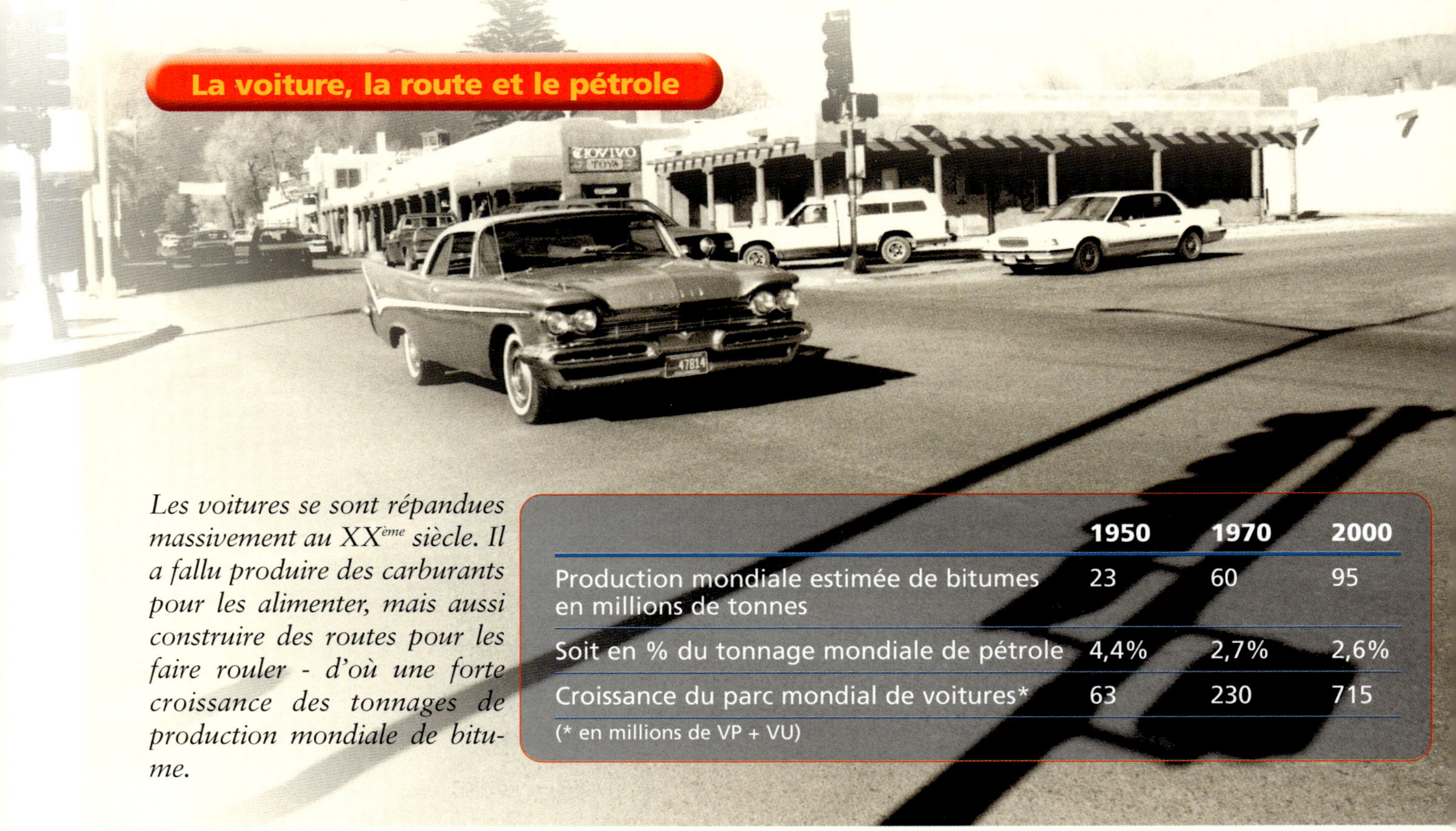

Les voitures se sont répandues massivement au XXème siècle. Il a fallu produire des carburants pour les alimenter, mais aussi construire des routes pour les faire rouler - d'où une forte croissance des tonnages de production mondiale de bitume.

	1950	1970	2000
Production mondiale estimée de bitumes en millions de tonnes	23	60	95
Soit en % du tonnage mondiale de pétrole	4,4%	2,7%	2,6%
Croissance du parc mondial de voitures*	63	230	715

(* en millions de VP + VU)

2. Les lubrifiants

Les lubrifiants naturels

Dès l'Antiquité, les Grecs et les Romains lubrifiaient les chars attelés de chevaux grâce à des graisses ou des huiles animales, végétales, ou même déjà par du pétrole (voir chapitre 1). Jusqu'au XIXème siècle, la presque totalité des huiles et des graisses étaient d'origine végétale ou animale : les huiles d'olive, de noix, d'amande, de lin, le suif des moutons et des bœufs, le saindoux des porcs participaient à l'alimentation, mais servaient aussi à lubrifier les roues des moulins et des premières machines. Ceci a eu des conséquences dramatiques pour certaines espèces telles que les baleines ou les phoques, alors chassées entre autres pour leur graisse.

Cette utilisation de "produits biologiques" pour la lubrification se poursuivra encore longtemps. Ainsi, jusqu'à la Seconde Guerre mondiale, les automobiles de course étaient souvent lubrifiées à l'huile de ricin. (On tire aujourd'hui de cette graine un plastique à haute performance, le Rilsan, qui est donc un "bioplastique".)

De nos jours, les lubrifiants naturels, d'origine végétale, connaissent un regain d'intérêt du fait de leur bonne biodégradabilité. Ces lubrifiants sont utilisés par exemple pour certains équipements dans des environnements particulièrement sensibles. Ainsi, ils sont employés pour lubrifier des tronçonneuses dans certains parcs naturels en Allemagne, mais de tels exemples restent encore exceptionnels.

De nos jours, environ 95% des huiles et des graisses utilisées dans les machines industrielles et les automobiles proviennent directement ou indirectement du pétrole. Ce sont essentiellement des paraffines à longues chaînes qui constituent la base des lubrifiants usuels. Il existe une très grande variété de types de lubrifiants, entre 1 500 et 2 000 selon leur utilisation finale : huiles pour moteurs, huiles marines, huiles de coupe, huiles pour frigorifiques, huiles pour moulages, huiles pour transformateurs... On ajoute de plus en plus aux huiles de base des "lubrifiants de synthèse" et des additifs qui permettent d'améliorer les caractéristiques du produit final (viscosité et résistance à l'usure en particulier).

Les lubrifiants représentent des tonnages relativement importants : plus de 1% de la production mondiale de pétrole brut en l'an 2000.

Estimation de la production mondiale de lubrifiants (en millions de tonnes)	**1950**	**1970**	**2000**
	9	23	40

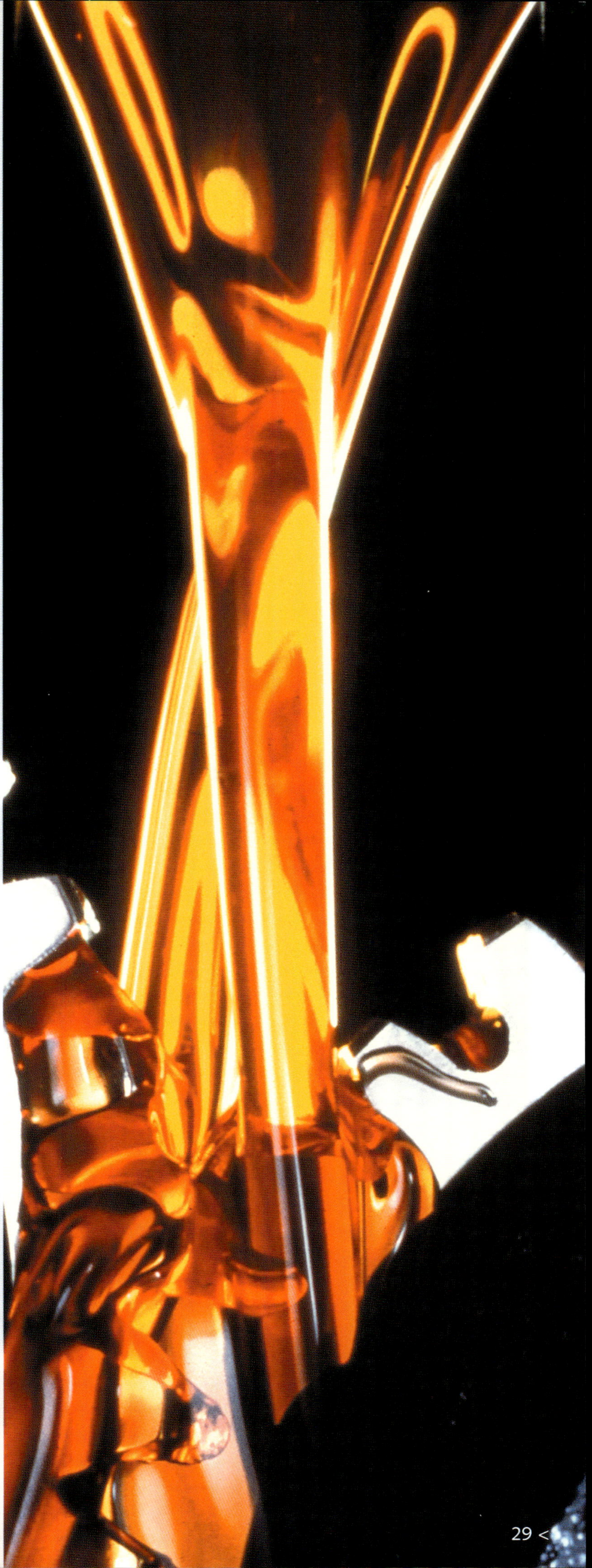

La fabrication des lubrifiants

L'élaboration des lubrifiants consiste à fabriquer des "huiles de base" auxquelles sont ajoutés des additifs.

Les huiles de base

Pour produire des huiles de base, on sélectionne certaines qualités de bruts, riches en chaînes ramifiées ou isoparaffines. On leur fait subir en raffinerie une distillation atmosphérique. Les résidus de cette distillation sont eux-mêmes soumis à une distillation sous vide. (Dans cette première phase, il s'agit d'un processus analogue à la fabrication des bitumes). La fabrication spécifique des huiles de base se fait dans des unités spéciales dites "chaînes d'huiles" à partir de "coupes" issues de la distillation sous vide du pétrole. Ces unités n'existent que dans certaines raffineries. Les coupes y subissent plusieurs traitements, généralement combinés entre eux, tels que l'extraction des composés aromatiques par solvants pour améliorer l'indice de viscosité (stabilité de la viscosité face aux variations de températures des moteurs). On procède par ailleurs à l'élimination des paraffines qui tendraient à cristalliser à basse température : c'est le déparaffinage.
Les traitements à l'hydrogène sont de plus en plus employés dans la fabrication des huiles. Ceux-ci sont très variés, de l'hydrocraquage - qui brise les molécules trop volumineuses - aux hydrofinissages qui éliminent les dernières traces de soufre et d'odeur désagréable.

Les additifs

Les additifs sont très divers. Il en existe une dizaine de familles, suivant leur rôle dans l'amélioration des qualités des lubrifiants, tels que :
- amélioration de la viscosité
- résistance à l'oxydation
- protection contre la corrosion
- anti-usure
- anti-moussage
- anti-émulsionnants...

La production des huiles de base : un raffinage spécialisé

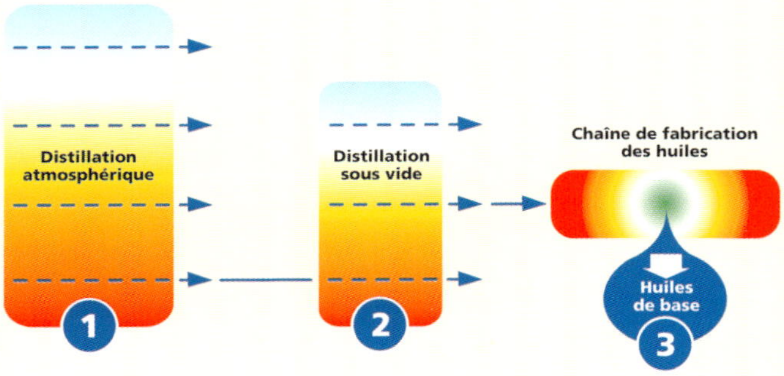

La fabrication des lubrifiants

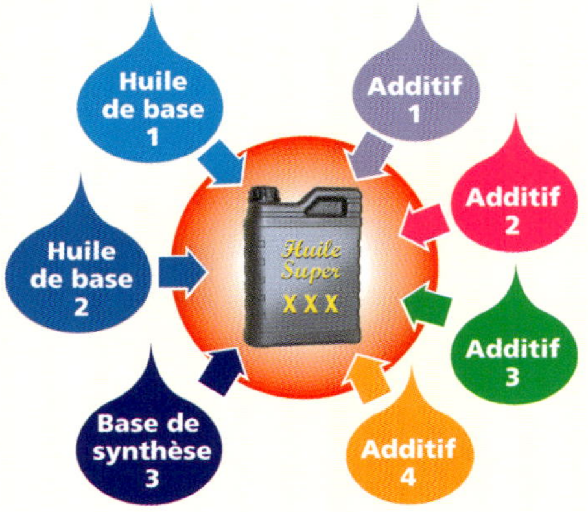

Porteurs d'une forte image de technicité, les lubrifiants jouent un rôle important dans la stratégie commerciale des groupes pétroliers.

3. Les cires et les paraffines

Qu'y a-t-il de commun entre les bougies d'anniversaire, les feuilles de papier dont le boucher entoure ses biftecks, les cires à épiler les jambes ou à plumer les canards, la protection des câbles des ponts suspendus, le revêtement luisant des oranges, les laits corporels, les gels capillaires, les rouges à lèvres et l'huile de vaseline des pharmacies ? Tous ces produits sont fabriqués à base de cires et de paraffines, substances extraites du pétrole.

Les cires et paraffines sont des hydrocarbures de même famille mais de taille assez variables ; elles correspondent à des molécules possédant en gros de 15 à 70 atomes de carbone. Selon les cas, ce seront des solides, des substances pâteuses, ou même des liquides (vaseline). Cette composition chimique explique leur structure particulière, généralement micro-cristalline, à l'origine de leur étanchéité. Cette propriété en fait des substances protectrices de choix aux multiples applications industrielles et domestiques.

Une production pétrolière mineure

Les produits très variés à base de cires et de paraffines ne correspondent cependant qu'à de faibles tonnages par rapport à ceux de la production de pétrole, ou même par rapport à la production de bitumes ou de lubrifiants. En 2000, les bitumes ont représenté quelques 2,6% de la production mondiale de brut avec 95 millions de tonnes, les lubrifiants 1,1% avec 40 millions de tonnes, tandis que la production de cires et de paraffines a été de 3,5 millions de tonnes, soit environ 0,1% de la production mondiale de brut. La moitié de cette production de cires et paraffines reste destinée à un marché assez traditionnel : celui des bougies.

Tout comme les lubrifiants, il existe des cires et des paraffines naturelles, par opposition à celles produites à partir du pétrole. Ces cires naturelles ou "biocires" peuvent être d'origine animale, telle la cire d'abeille, ou d'origine végétale, telle la cire du palmier du Brésil. Il existe même des cires naturelles dites minérales, liées à certains types de dépôts houillers ou de lignite, par exemple l'ozocérite de Moldavie.
On distingue les cires des paraffines selon leur dureté et leur point de fusion, mais ce sont là des nuances à l'intérieur d'une même famille. Les écologistes peuvent éprouver une sympathie particulière pour ces substances : elles sont en effet le plus souvent biodégradables.

sans hésiter
le rouge baiser
M. Ph. F. 140
CALCULÉ A PARIS PAR PAUL BAUDECROUX
LE ROUGE UNIQUE PAR SA QUALITÉ DE CLASSE MONDIALE
MAGASIN D'EXPOSITION : 27, FAUBOURG-SAINT-HONORÉ - PARIS - 8e

La composition moyenne d'une tube de rouge à lèvres

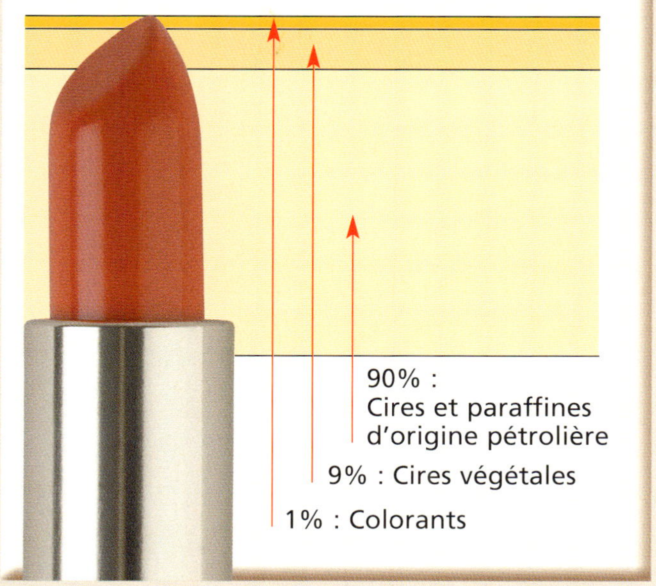

Production des cires et paraffines

Comme pour les lubrifiants, les matières premières principales proviennent de la distillation sous vide de certaines qualités de bruts. Ces résidus sont transformés par divers procédés : pour l'essentiel, ce sont des procédés d'adsorption (sur tamis moléculaire) ou des procédés d'extraction par solvant et par précipitation. Dans la majorité des cas, la production de cires et paraffines est associée à celle des bases lubrifiantes. En effet, on doit déparaffiner des huiles de base pour améliorer leurs caractéristiques d'écoulement à froid et les produits extraits serviront à fabriquer les cires et les paraffines.

Par ailleurs, comme pour les bases lubrifiantes mais contrairement aux bitumes, on peut les obtenir de façon purement synthétique, à partir du gaz naturel, comme on peut obtenir par synthèse des produits pétroliers énergétiques (essences, gazole). En effet, les procédés Fischer-Tropsch *(voir chapitre 9)* permettent non seulement de produire de l'essence ou du gasoil de synthèse, mais ils peuvent aussi servir à produire des bases pour lubrifiants ou des paraffines. L'usine du groupe Shell, à Bintulu en Malaisie, procède par exemple à cette fabrication.

Caractéristiques des cires et des paraffines

Les usages multiples des cires et paraffines ont pour conséquence une grande variété de caractéristiques physiques. Les plus importantes sont :

- l'état (solide, pâteux, liquide)
- la viscosité
- la densité
- la perméabilité à la vapeur d'eau
- le pouvoir adhésif
- le pouvoir isolant
- la teneur en soufre
- la teneur en solvants
- la brillance
- la couleur
- l'odeur.

Les paraffines les plus pures pourront être utilisées dans les industries agro-alimentaires en contact direct avec les aliments du fait de leur parfaite neutralité.

Test d'odeur en laboratoire pour des paraffines.

Extraction des paraffines par filtres dans la raffinerie historique de Pechelbronn (Alsace) vers 1930.

Chapitre 5

D'où viennent le pétrole et le gaz ?

Le pétrole et le gaz proviennent de la matière organique contenue dans certains sédiments : leur naissance ou genèse se fait donc au sein de bassins sédimentaires. Après cette phase de formation, ils vont connaître une phase de migration, au cours de laquelle ils circulent au sein des dépôts sédimentaires. Ils vont enfin s'accumuler pour former des gisements. Cette accumulation se produit dans des endroits particuliers, les "pièges" à hydrocarbures, qui formeront donc les gisements.
Ces gisements sont communément appelés "champs de pétrole" ou "champs de gaz" lorsque les quantités piégées sont suffisamment importantes pour être commercialement exploitables.

La genèse du pétrole et du gaz

Les bassins sédimentaires

Tous les reliefs émergés sont soumis à l'action de la pluie, de la neige ou du gel, du soleil et du vent, aujourd'hui comme tout au long de l'histoire de la terre. Ce phénomène nommé érosion est facilement observable en se promenant : avalanches de pierres ou coulées de boue en montagne, érosion des sols entraînés peu à peu par les pluies vers les ruisseaux et les rivières. Ce phénomène permanent réduit lentement la hauteur des reliefs, de façon invisible à l'échelle humaine, mais de façon rapide à l'échelle des temps géologiques, qui se mesure en millions d'années. Tous les éléments arrachés aux reliefs par l'érosion vont tôt ou tard se retrouver dans les fleuves, puis, entraînés par ceux-ci, se déposer au large des embouchures et des estuaires. Les fleuves déposeront les boues, les sables et les roches qu'ils ont charriés tout au long de leur cours, sous forme de sédiments.

Ces dépôts de sédiments au large des estuaires et des deltas vont s'accumuler progressivement, donnant naissance aux bassins sédimentaires. Au fur et à mesure que de nouveaux sédiments vont venir se déposer sur ceux déjà présents, deux phénomènes essentiels vont se produire : la subsidence et la compaction.

Les phénomènes de subsidence, qui jouent un rôle essentiel dans la mise en place des grands cycles sédimentaires, sont eux-mêmes souvent liés aux mouvements des continents. En effet, les continents flottent comme d'immenses radeaux et se déplacent lentement au cours des temps, comme l'avait supposé la théorie de la dérive des continents dès les années 1900. Vers 1970, la célèbre théorie des plaques donne une interprétation globale de ces phénomènes de formation et de déformation des bassins sédimentaires.

La subsidence, dont le rythme règle celui du déroulement des cycles sédimentaires, est liée au poids des dépôts des sédiments apportés par les fleuves. Les sédiments vont également subir un phénomène de compaction. C'est la combinaison de la compaction et de la diagenèse qui vont progressivement transformer les sédiments meubles, comme les boues ou les sables, en roches consolidées, telles les calcaires, les schistes ou les grès.

Les bassins sédimentaires sont donc constitués d'alternances de couches de roches de natures différentes, formant de véritables millefeuilles de roches sédimentaires. Ces bassins ont des épaisseurs très variables, allant d'une centaine de mètres à une vingtaine de kilomètres ou plus. En profondeur, les roches sédimentaires reposent sur des roches dites cristallines (métamorphiques, granitiques) qui constituent les socles des bassins sédimentaires.

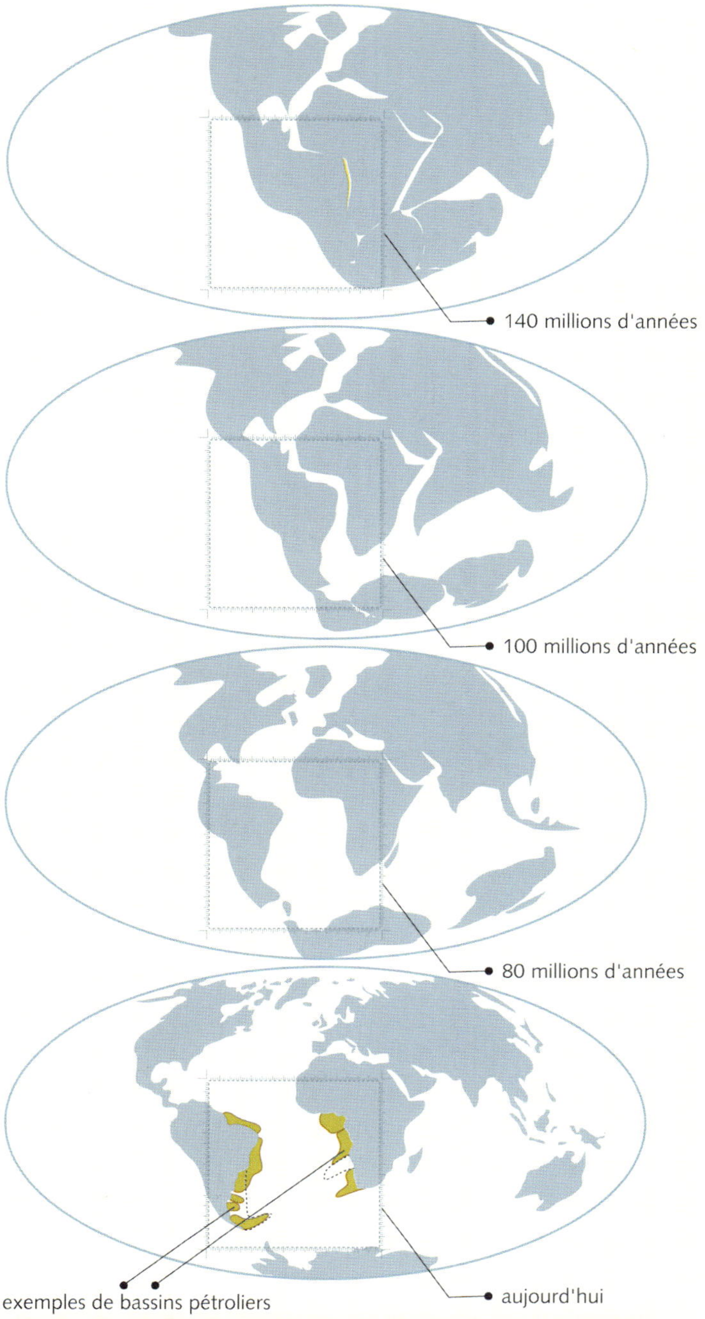

Théorie des plaques et formation des bassins pétroliers

Au cours des âges géologiques, les plaques de la croûte terrestre ont vu se développer de grands systèmes de fracture ou rifts, qui tendent à s'élargir peu à peu. Lors de cet élargissement, les plaques continentales dérivent progressivement et les eaux lacustres puis marines envahissent ces zones de fracture. Cette dérive des continents crée les conditions favorables à l'apparition des roches-mères, puis des bassins pétroliers. Par exemple, l'océan Atlantique s'est formé à partir de fractures apparues il y a environ 140 millions d'années, qui ont séparé l'Afrique de l'Amérique du Sud, auparavant soudées en une seule plaque continentale. C'est ainsi que se sont constitués les gisements offshore du Nigeria, du Congo et de l'Angola d'une part, du Brésil d'autre part.

Aujourd'hui, ce phénomène reste bien visible en Afrique : la mer Rouge est un ancien rift devenu une mer, et dans quelques millions d'années, les grands fossés africains de l'Ethiopie, du Kenya et de la Tanzanie seront eux-mêmes envahis par la mer, devenant de nouvelles mers Rouges et plus tard peut-être de nouveaux océans.

Subsidence et cycles sédimentaires

Sous le poids croissant des sédiments qui se déposent, le fond du bassin tend à s'affaisser, permettant à de nouveaux sédiments de se déposer : c'est la subsidence. Il y a parfois un équilibre entre la vitesse d'enfoncement et la vitesse de mise en place de nouveaux dépôts : dans de telles périodes, les lignes du rivage se modifient peu. Il y a par contre des époques ou des circonstances où la subsidence est plus lente que l'accumulation de nouvelles alluvions ou sédiments : dans ce cas, les lignes de rivage vont avancer vers la mer, donnant lieu à une régression marine. Dans le cas inverse, si la subsidence est plus rapide que l'accumulation de nouveaux sédiments, ce sont les lignes de rivage qui reculeront et la mer qui avancera vers les terres, donnant lieu à une transgression marine. L'étude des bassins sédimentaires permettra de reconstituer ces balancements successifs, ces alternances de régressions et de transgressions, alternances que les géologues appellent les cycles sédimentaires.

Fougères fossiles

Compaction et diagénèse

Lorsque des sédiments se déposent, ils sont gorgés d'eau, et non consolidés. Peu à peu, sous le poids des nouveaux sédiments qui se déposent par-dessus, les sédiments sous-jacents expulsent tout ou partie de l'eau qu'ils contenaient. Ils vont ainsi devenir de plus en plus compacts : c'est le phénomène de compaction.
Durant cette compaction, la pression et la température s'accroissent au sein des couches sédimentaires, donnant naissance à des phénomènes de précipitation de sels minéraux (carbonates, sulfates, chlorures...) ou d'autres substances minérales (silice). Ces modifications physico-chimiques constituent la diagenèse des dépôts sédimentaires, c'est-à-dire leur transformation au cours du temps.

La formation des roches mères

Le pétrole et le gaz sont produits à partir de la matière organique contenue dans certains sédiments et transformée au cours du temps. Les sédiments apportés par les cours d'eau vont se déposer dans les mers, qui connaissent une vie végétale et animale plus ou moins intense, générant de grands volumes de matière organique.
L'ensemble de ces biomasses marines est formé d'êtres vivants de taille très différentes. Les plus grands poissons (requins géants), les plus gros reptiles marins (dinosaures marins), ou les plus gros mammifères marins (baleines) ont pu atteindre des poids de l'ordre de la centaine de tonnes, mais ils ne représentent qu'une faible part de la biomasse marine animale. L'essentiel de cette biomasse marine est formé de petits crustacés (par exemple le krill dont se nourrissent les baleines) et surtout d'êtres seulement visibles au microscope : le zooplancton.
Celui-ci comprend des multitudes d'animaux unicellulaires dont certains sont de véritables micro-coquillages : les foraminifères. Les géologues pétroliers étudient avec soin les microfossiles, car ce sont de précieux indicateurs des milieux où ils ont vécu et de l'âge des formations qui les contiennent.
Il en est de même pour la biomasse marine végétale : à côté des algues géantes spectaculaires (des laminaires de Bretagne à celles de la mer des Sargasses), il existe un pullulement d'algues microscopiques et souvent unicellulaires : le phytoplancton.
Tous ces êtres vivants, animaux ou végétaux, petits ou grands, sont soumis au cycle de la vie et vont donc se retrouver une fois morts dans le fond des océans, des mers ou des lagunes, mêlés aux sédiments. La majorité de cette biomasse organique disparaît par décomposition : oxydation lente ou rapide, digestion par

toute une "chaîne alimentaire" dont le stade ultime est formé de bactéries. Mais une partie sera préservée, en particulier lorsque ces biomasses se seront déposées dans des milieux pauvres en oxygène et pauvres en bactéries, donnant alors naissance à des dépôts sédimentaires riches en matière organique. Ces dépôts sont généralement des argiles : elles vont constituer les "roches mères" du pétrole et du gaz. En effet, la matière organique va progressivement se transformer, sous l'effet de la pression et de la température, pour donner tout d'abord le kérogène, ancêtre du pétrole et du gaz. Ce kérogène se retrouve dans certaines roches sans avoir été transformé, par exemple dans les schistes bitumineux. Lorsque les sédiments riches en kérogène vont être soumis à des pressions et des températures plus élevées, le kérogène va progressivement se transformer en pétrole et en gaz : on parle de "cuisines" dans lesquelles se forment les hydrocarbures.

La génération des hydrocarbures à partir des roches mères : des cuisines géologiques

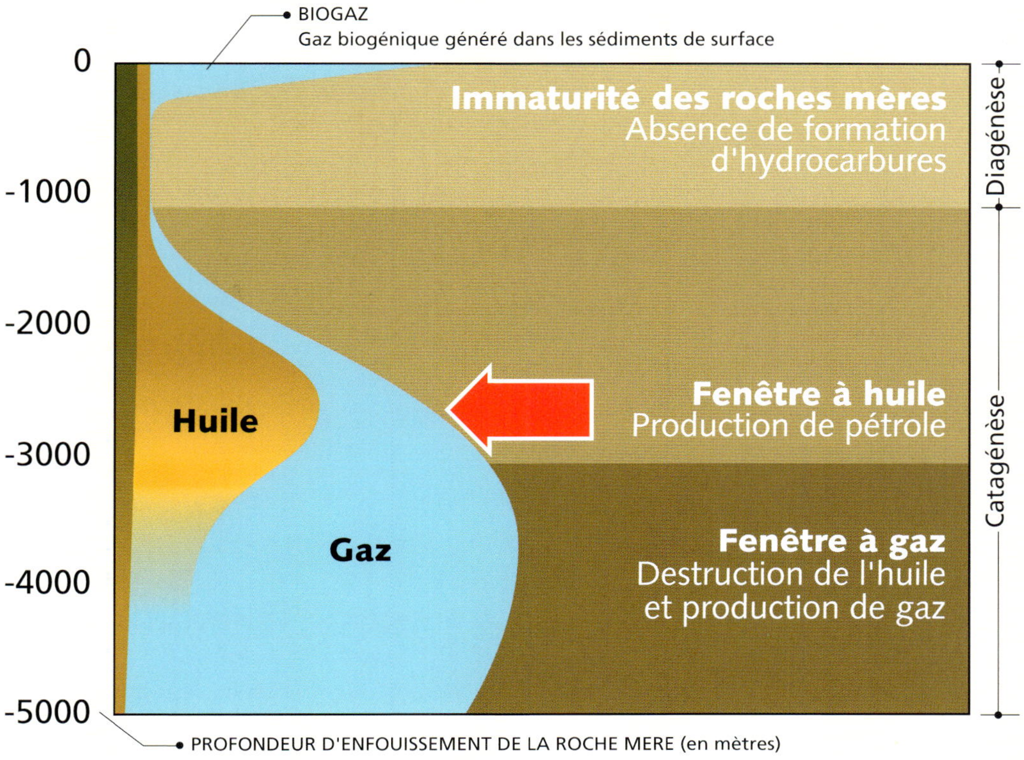

Effet de la température sur le kérogène

Vers 60° C = début de la transformation en pétrole

Vers 120° C = début de la transformation en gaz ("craquage" thermique naturel)

La migration des hydrocarbures

Sous l'influence de la pression et de la température, la matière organique des roches-mères, le kérogène, se transforme tout d'abord en pétrole puis en gaz. Les argiles riches en kérogène expulseront progressivement de fines gouttelettes de pétrole vers les couches plus ou moins poreuses qui les entourent. Les pores de ces roches sont usuellement remplis d'eau salée. Les hydrocarbures étant plus légers que l'eau, ils vont se déplacer par simple effet de gravité au travers des pores remplis d'eau des roches sédimentaires perméables, comme les grès ou les calcaires. Dans leur migration vers la surface, ils suivront les zones les plus perméables et donc les plus favorables à leur progression, ou emprunteront des chemins naturels de circulation comme les fractures ou les failles.

Cette migration vers la surface comporte également des déplacements latéraux. Cette lente remontée des hydrocarbures vers la surface peut se terminer de deux façons différentes :

- Soit les hydrocarbures ne rencontrent aucun

Système pétrolier et gisements

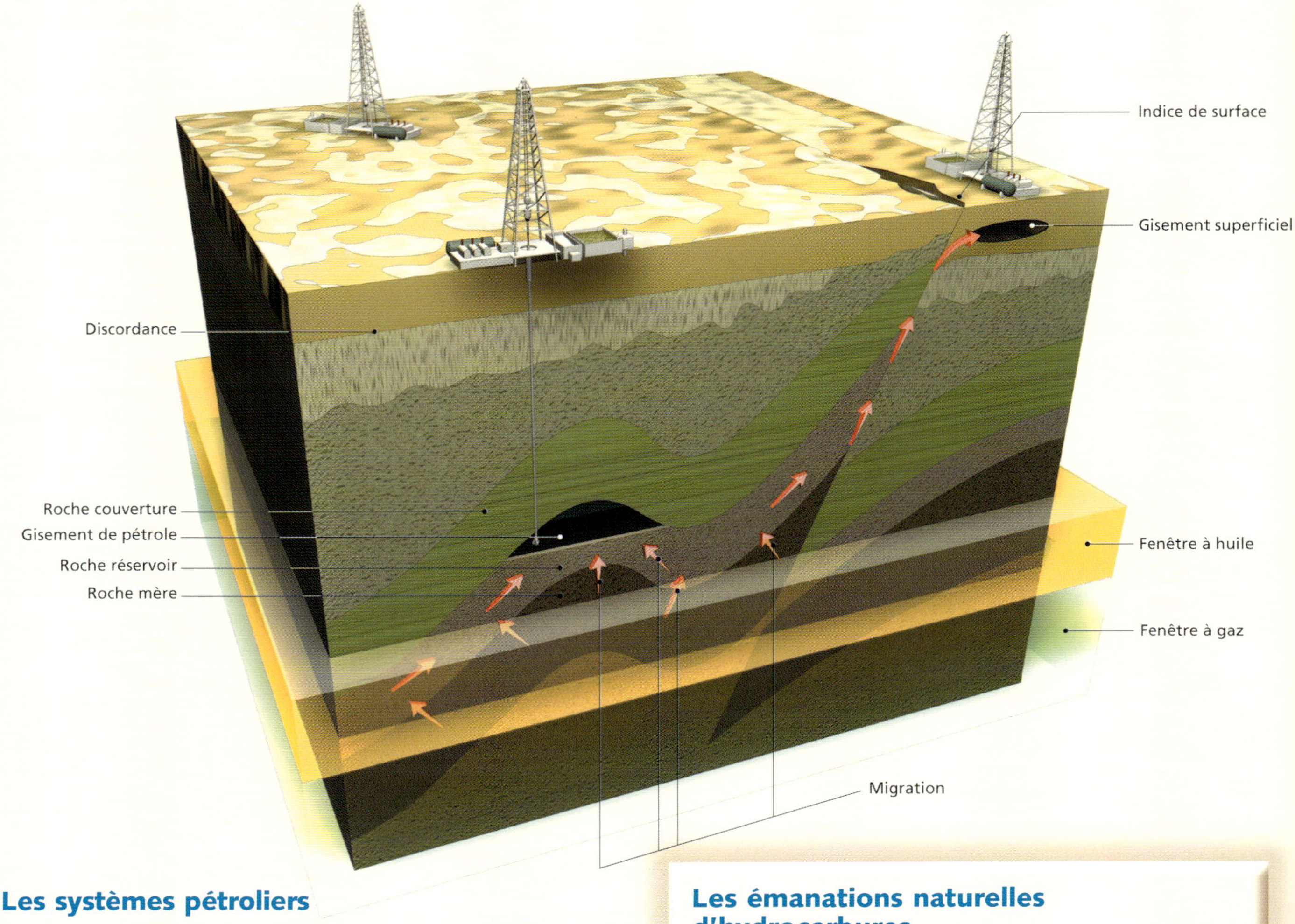

Les systèmes pétroliers

Pour qu'il puisse y avoir un gisement de pétrole ou de gaz, certaines conditions doivent être réunies toutes ensemble : c'est cet ensemble qui constitue un système pétrolier. Il faut :
- une ou plusieurs roches mères
- une ou plusieurs roches réservoirs
- des roches-couvertures assurant l'étanchéité des réservoirs
- des pièges (structuraux ou stratigraphiques)
Pour qu'un tel système pétrolier fonctionne effectivement et donne naissance à des gisements, la roche-mère doit être portée aux conditions de température et de pression nécessaires à la formation du pétrole et du gaz, puis ceux-ci doivent trouver des chemins de migration depuis les roches-mères jusqu'aux pièges.

obstacle majeur et ils finissent par arriver en surface où ils vont s'échapper, formant des émanations gazeuses ou des suintements dits “indices de surface”, parfois même des lacs ou des gisements d'asphalte.
- Soit ils rencontrent une zone privilégiée qui va les “piéger”, où ils vont s' accumuler, donnant alors naissance à un gisement d'hydrocarbures.
On voit qu'un ensemble de conditions géologiques doivent être réunies pour que des gisements de pétrole ou de gaz puissent exister.
Les géologues parlent de systèmes pétroliers lorsque l'ensemble de ces conditions est réalisé.

Les émanations naturelles d'hydrocarbures

S'ils ne sont pas piégés au cours de leur migration, les hydrocarbures arriveront jusqu'à la surface des formations géologiques, c'est-à-dire au fond des mers, ou à terre au niveau du sol. Depuis les quelques centaines de millions d'années qu'existent le gaz et le pétrole, d'importantes quantités sont donc déversées en permanence par la nature dans les océans ou à terre, sans dommages pour l'environnement.
En effet, la nature a développé des chaînes alimentaires spécifiques et des bactéries qui se nourrissent de ces émanations d'hydrocarbures. Les émanations naturelles d'hydrocarbures dans le fond des mers peuvent favoriser le développement de certaines formes de vie, animales ou végétales qui prospèrent là où il n'y a pas de lumière mais où s'échappe du gaz naturel.
Ces phénomènes nous permettent de comprendre que le pétrole et le gaz ne sont pas des polluants au sens usuel du terme, mais des produits naturels peu nocifs pour l'environnement… sauf si on en répand brutalement des quantités massives, comme c'est le cas lors des marées noires.

Les gisements pétroliers et gaziers

Lors de leur migration vers la surface du sol, une partie des hydrocarbures produits à partir des roches-mères va se trouver arrêtée par différents obstacles constituant des "pièges" : telle est l'origine de la formation des gisements.

Il existe en pratique deux grandes familles de pièges, avec une multitude de variantes possibles. La première famille est celle des pièges structuraux : la migration est arrêtée par des déformations particulières des roches dans lesquelles se fait la migration. Les pièges anticlinaux et les pièges contre failles sont les plus connus.

La deuxième famille est celle des pièges stratigraphiques : la migration se trouve bloquée par une variation latérale de la qualité des roches ; ainsi, lorsqu'une roche perméable devient de plus en plus compacte, la migration s'arrête. Cette compacité peut être due à une cimentation des pores, ou le remplissage de ceux-ci par de l'argile, bloquant le déplacement des hydrocarbures.

La classification des types de gisements ne dépend pas uniquement du mécanisme géologique de piégeage des hydrocarbures dans leur migration, mais aussi de la nature des hydrocarbures piégés (pétrole ou gaz), de leurs proportions, et de leurs caractéristiques physico-chimiques.

Exemples de pièges

Pièges structuraux

Anticlinal

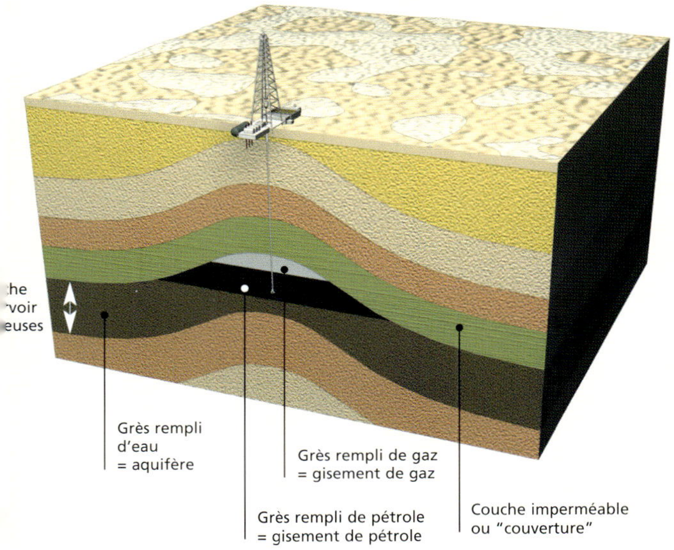

Réservoir fermé par faille

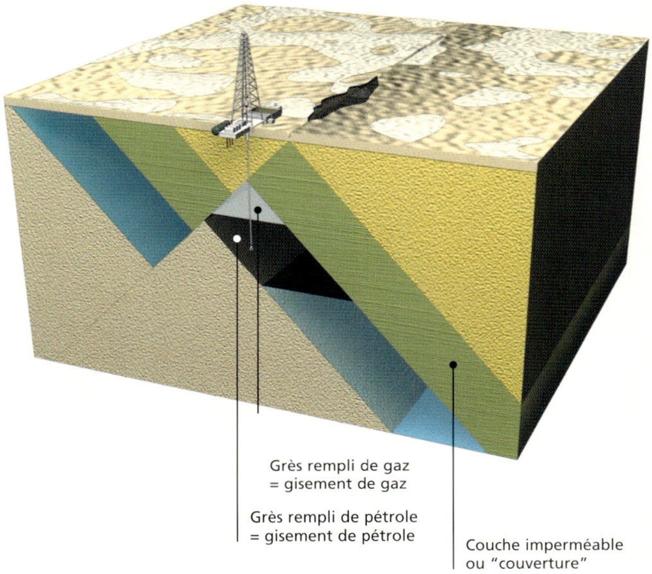

Pièges stratigraphiques

Chenal sableux

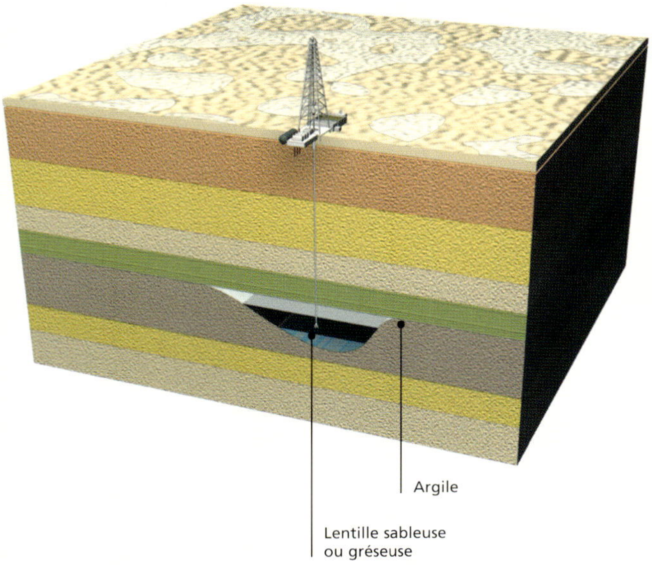

Réservoir récifal

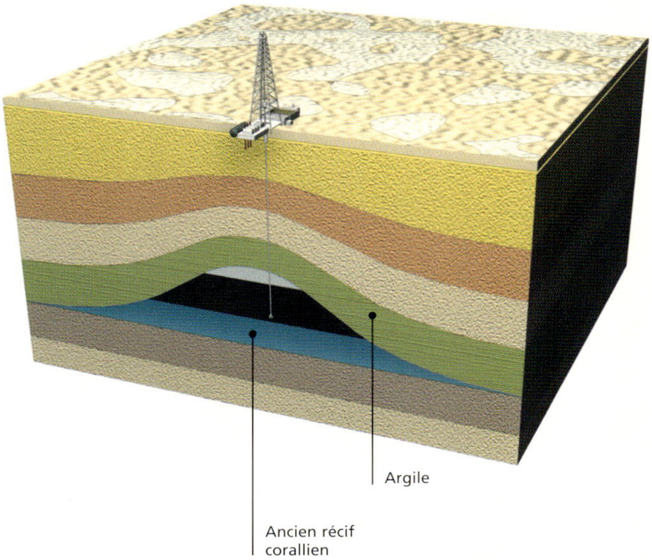

Gisements et nature des hydrocarbures

On a vu que pétrole et gaz étaient liés dès l'origine, provenant des mêmes roches-mères ; ce sont seulement des différences de température et de pression au sein des "cuisines" dans lesquelles la roche-mère aura été chauffée et comprimée qui feront qu'elle donnera soit plus ou moins de pétrole, soit ou plus ou moins de gaz. Pétrole et gaz migreront donc ensemble, les gaz migrant cependant plus facilement et plus vite que le pétrole. Lors de leur migration, tous deux rencontreront les mêmes barrières et les mêmes pièges : ils seront donc étroitement liés au niveau des gisements eux-mêmes. Il en résulte qu'on pourra distinguer trois grands types de gisements selon les proportions de pétrole et de gaz dans ceux-ci :

- Certains pièges sont en totalité remplis de gaz : ce sont les "vrais" gisements de gaz, dans lesquels le gaz est directement au-dessus de l'eau, c'est-à-dire au dessus de la partie aquifère du réservoir.
- Certains pièges sont en totalité remplis de pétrole : ce sont les "vrais" gisements de pétrole, dans lesquels le pétrole est directement au dessus du niveau aquifère.
- Le cas le plus fréquent est celui des gisements mixtes, dans lesquels une zone à gaz surmonte une zone à pétrole, qui elle-même surmonte le niveau aquifère.

Ces cas théoriques se rencontrent dans la réalité sous des formes plus complexes : la majorité des gaz contiennent un peu de liquides (ou condensats) et la majorité des pétroles contiennent du gaz en solution (gaz associés dissous). Tout l'art des producteurs de pétrole sera d'optimiser l'exploitation - généralement conjointe - du pétrole et du gaz, c'est-à-dire d'en retirer la valeur économique la plus élevée possible.

Les trois principaux types de gisements d'hydrocarbures

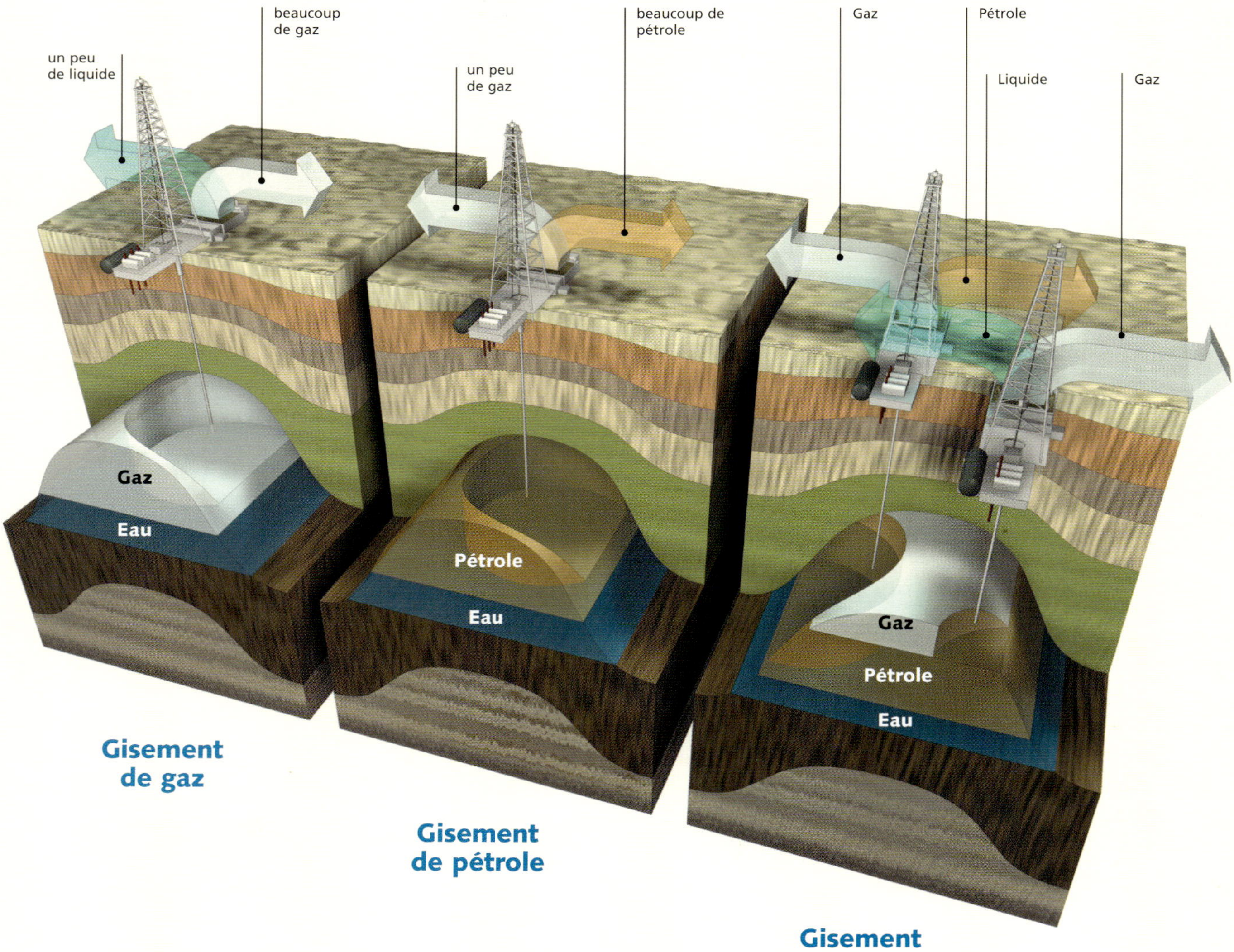

Gisement de gaz

Gisement de pétrole

Gisement mixte gaz et pétrole

Analyse de carottes

Gisements et qualités physico-chimiques des hydrocarbures

Comme on l'a vu, les gisements peuvent se définir par le type de piégeage (ou type géologique de gisement) ou par la nature des hydrocarbures (gisements de gaz, de pétrole ou mixtes).
On peut aussi, pour chacun des types précédents, ajouter une qualification physico-chimique des hydrocarbures contenus.

- On classe d'abord les bruts selon leur densité, car leur valeur économique est essentiellement liée à cette caractéristique. On distingue ainsi classiquement les bruts légers (ou *light*), les bruts moyens (ou *medium*), les bruts lourds (ou *heavy*). Les bruts légers sont les plus chers, car ce sont eux qui donnent la plus grande proportion de carburants, et les bruts lourds les moins chers, car ce sont eux qui donnent la plus petite proportion de carburants.
- Pour les pétroles, on ajoutera souvent un adjectif pour indiquer s'ils sont peu soufrés (ou *sweet*) ou fortement soufrés (ou *sour*).
- De même, pour les gaz naturels, on distinguera les gaz secs (peu ou pas d'hydrocarbures liquides contenus) et les gaz humides (contenant des quantités notables d'hydrocarbures liquides).
- Par ailleurs, les gaz naturels seront de qualité *sweet* ou *sour* (gaz acides) selon leurs teneurs en composés sulfurés, mais aussi en gaz carbonique.

Au total, pour définir clairement les caractéristiques d'un gisement, il faudra définir le type de piégeage, ainsi que la nature et les caractéristiques des hydrocarbures et impuretés qu'il contient. On conçoit ainsi que chaque gaz et chaque pétrole brut soit en quelque sorte unique et possède une véritable signature physico-chimique permettant de l'identifier, tout comme nos empreintes digitales et notre codage ADN permettent d'identifier chacun d'entre nous. A une époque où se durcissent à juste titre les mesures de lutte contre les pollutions pétrolières marines (accidents, dégazages des soutes ou fuites des systèmes d'exploitation des gisements offshore), ces techniques d'identification connaissent un intérêt accru.

Les technologies de la chaîne pétrolière et gazière

L'exploration pétrolière et les explorateurs

La première étape de l'aventure pétrolière est l'exploration pétrolière ou prospection, c'est-à-dire la recherche des gisements. C'est elle qui porte la plus grande part des rêves des compagnies comme ceux des hommes qui y sont impliqués, ceux qu'on appelle les explorateurs.

Ce sont les coups de chance des grandes découvertes qui permettent de construire des bases durables pour la prospérité des compagnies qui les auront effectuées, et parfois la fortune de petits entrepreneurs indépendants. Sur les quatre supermajors du pétrole, trois ont fondé leur fortune initiale sur des succès de l'exploration : Shell en Indonésie, BP en Iran et Total en Irak. Malgré les progrès techniques, cette "chasse au trésor" reste un sport à haut risque : elle nécessite de grosses dépenses car deux fois sur trois, les puits d'exploration se révèlent "secs" ou stériles... Ce jeu de casino industriel a fasciné des générations de pétroliers, et ceci jusqu'à nos jours.

A l'origine, la prospection pétrolière consistait à forer à proximité des indices naturels de surface. Ceci ne permettait de découvrir que des gisements proches de la surface, généralement de petite taille. Puis les explorateurs ont observé le rôle privilégié des anticlinaux (bombements ou plissements des couches sédimentaires) comme pièges à pétrole et ont donc développé l'observation géologique. L'application de cette "théorie anticlinale" fut un premier âge d'or de la géologie pétrolière. Mais il fallut chercher de plus en plus profondément, ce qui donna naissance à des méthodes d'auscultation en profondeur des structures du sous-sol : ce sont les méthodes géophysiques.

On voit que, comme en médecine, les techniques ont évolué depuis l'observation des symptômes externes ou visibles (la médecine traditionnelle) à l'observation par imagerie médicale des structures du corps en profondeur (rayons X ou échographie). De même qu'aujourd'hui la médecine combine ces deux types d'observations, l'exploration pétrolière combine la géologie et la géophysique.

Les géosciences : géologie, géophysique, réservoir

La géologie ou "science de la terre", est devenue un ensemble de sciences dites géosciences. L'ensemble des géosciences pétrolières repose sur trois grandes spécialités, la géologie, la géophysique et le reservoir, qui sont étroitement complémentaires. Leur but commun est de trouver et produire au moindre coût le plus possible de pétrole et de gaz.

Marteau et bousole restent les outils de base du géologue de terrain.

A l'intérieur des géosciences, on distingue d'abord la géologie et la géophysique. Ces deux grandes disciplines recouvrent elles-mêmes chacune de multiples spécialités, et donc diverses spécialisations de métiers. Plus récemment, un troisième domaine a progressivement émergé comme une discipline particulière : l'étude des réservoirs pétroliers et gaziers, dite *reservoir engineering*. Elle permet d'évaluer les réserves des gisements et leurs possibilités de production au cours du temps en fonction des techniques utilisées.

La géologie et les géologues

Le principal objectif des géologues pétroliers est de déterminer où pourraient se situer des gisements de pétrole et de gaz. Cette "chasse aux gisements" commence par la recherche des systèmes pétroliers à l'intérieur des bassins sédimentaires (*voir chapitre 5*). Les géologues se spécialisent donc pour étudier les différents aspects des systèmes pétroliers et de la formation des gisements.

Là où les couches sédimentaires sont visibles en surface grâce aux affleurements, on recourt à la géologie traditionnelle, à terre. Les roches constituant la série sédimentaire du bassin étudié sont d'abord échantillonnées : c'est le métier du géologue sédimentologiste. Parmi les séries sédimentaires, le géologue pétrolier s'intéresse tout d'abord aux

Les campagnes sismiques à travers le XXème siècle

roches riches en matière organique (argiles ou marnes). Au-delà de 1% en poids de matière organique contenue, un sédiment peut devenir une roche-mère, c'est-à-dire une source de pétrole ou de gaz.
Quand il a identifié de telles formations, le géologue sédimentologiste les fait analyser en détail par son confrère géochimiste. Celui-ci détermine la nature précise de cette matière organique, où et quand elle s'est formée. En effet, toute la gamme des plantes et des animaux peuvent contribuer à la formation des roches-mères, mais ce sont les algues marines planctoniques qui ont donné naissance aux roches-mères les plus abondantes et les plus prolifiques, telles celles qui sont à l'origine des principaux gisements du Moyen-Orient, du Vénézuela ou de la mer du Nord.
Le géologue sédimentologiste recherche aussi les roches poreuses qui pourraient jouer le rôle de réservoirs. Au delà de 10% de porosité (la porosité est la proportion du volume de pores par rapport au volume des roches), ce seront sans doute de bons réservoirs, c'est-à-dire que les gisements auront de fortes productivités - ces porosités atteignent parfois 30 ou 35%. Mais le sédimentologiste s'intéresse aussi aux roches non poreuses et imperméables, comme le sel ou les argiles, qui peuvent jouer le rôle de couverture des réservoirs et assurer leur étanchéité en bloquant la migration des hydrocarbures vers la surface.
Quels que soient les types de formations qu'ils recherchent ou étudient (roches-mères, roches-réservoirs, roches couvertures), les géologues vont s'efforcer de les dater. Ceci leur permettra de les situer au sein de l'échelle stratigraphique. Sur cette échelle, dans les 4 milliards et 500 millions d'années d'histoire de notre Terre, seuls les 600 derniers millions d'années intéressent réellement les géologues pétroliers. C'est en effet durant cette période "récente" de l'histoire de la terre que se situe toute la partie utile de l'échelle stratigraphique, c'est-à-dire la période durant laquelle les hydrocarbures générés ont pu être piégés et nous parvenir.
Afin de déterminer où le pétrole et le gaz auraient pu être piégés, certains géologues se spécialisent dans l'étude des déformations des roches sédimentaires : déformations souples ou plissements, et déformations cassantes comme les failles ou les fractures, qui peuvent constituer des pièges (pièges anticlinaux, pièges contre failles). Ces spécialistes sont les tectoniciens. Leur rôle est essentiel, tant pour reconstituer les profondeurs d'enfouissement des roches-mères au cours du temps que pour localiser les pièges. Pour étudier les pièges stratigraphiques, plus subtils, sédimentologistes et tectoniciens font étroitement équipe.
La synthèse de toutes les informations géologiques est confiée à des équipes spécialisées, qui de plus en plus recourent à la modélisation de l'histoire géologique des bassins et des gisements.

Campagnes sismiques à terre et en mer

1. Onde de choc envoyée vers le sous-sol
2. Camion ou bateau sismique
3. Réflection des ondes sur les différents niveaux géologiques
4. Microphones ultra-sensibles de captage des signaux dits géophones

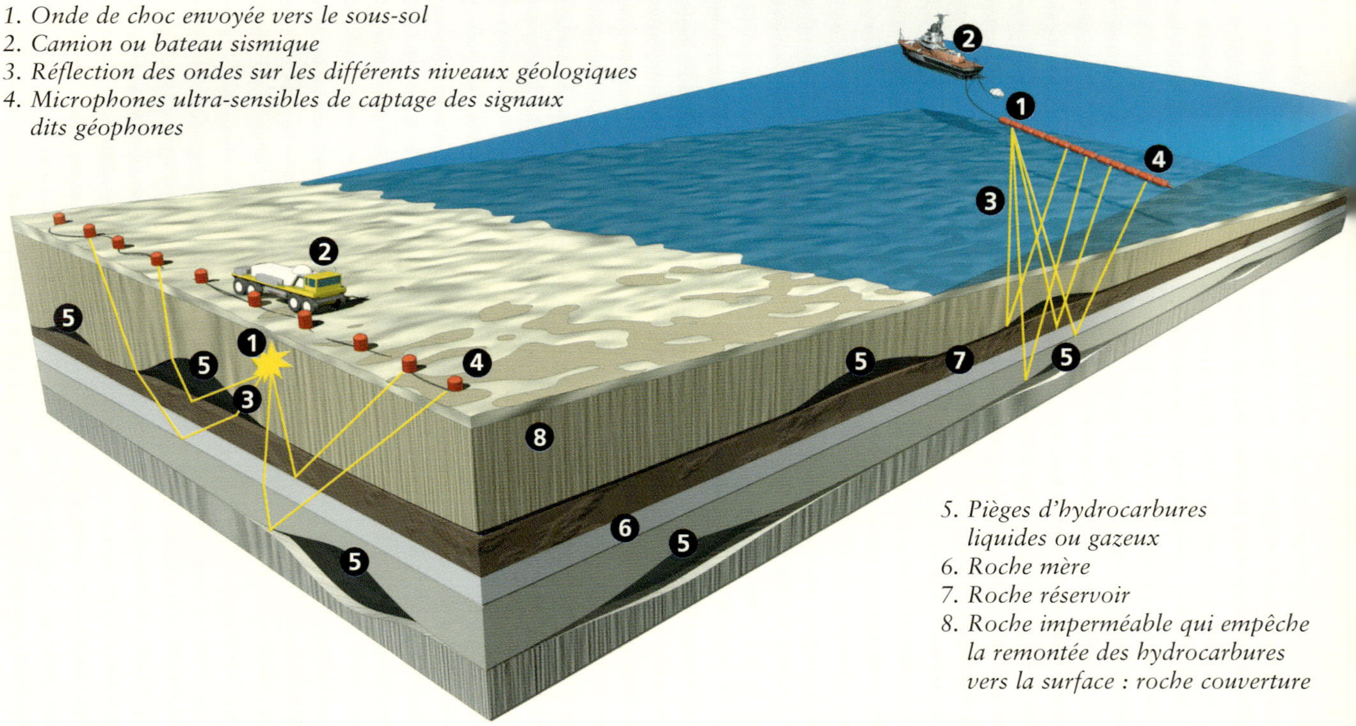

5. Pièges d'hydrocarbures liquides ou gazeux
6. Roche mère
7. Roche réservoir
8. Roche imperméable qui empêche la remontée des hydrocarbures vers la surface : roche couverture

Le métier de géologue modélisateur consiste en particulier à digitaliser toutes les informations géologiques pour les transmettre sous forme numérique. L'ordinateur restitue ainsi des vues en trois dimensions des pièges et de leurs composantes : les différents niveaux réservoirs, les déformations tectoniques et les failles, permettant entre autres de définir les implantations optimales des forages. Ces spécialistes, parfois appelés géonumériciens, réalisent ainsi la synthèse entre les sciences de la terre, sciences "naturelles" basées sur l'observation, et la science rigoureuse par excellence que sont les mathématiques.
Les géologues et les géonumériciens vont aussi intervenir durant la phase de découverte, celle des forages d'exploration, et même pendant la phase d'exploitation. Pendant les forages, ils permettent au foreur de savoir où se situent leurs outils de forage au plan géologique, et quelles précautions il leur faut prendre pour minimiser les risques du forage (risques de coincement et d'abandon de puits, risques d'éruption).

Géonumérique et reconstitution en trois dimensions de la structure du sous-sol.

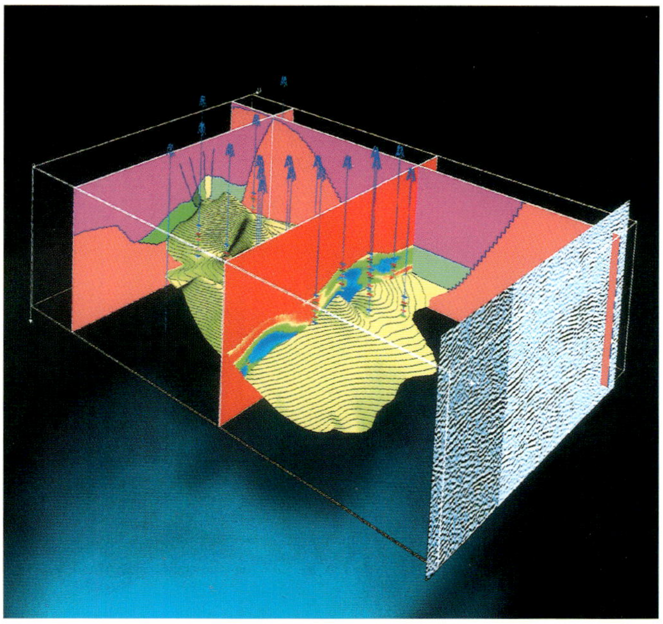

La géophysique et les géophysiciens

Le terme signifie "physique de la terre" : cette science regroupe toutes les méthodes qui, par des mesures de paramètres physiques, permettent d'acquérir des informations sur la structure du sous-sol.
Ces paramètres physiques sont variés : forces gravitationnelles ou intensité locale de la pesanteur, champs magnétiques ou attraction magnétique, conductivité des couches aux courants électriques, conductivité aux ondes acoustiques (vibrations) dites aussi ondes sismiques.
Ces quatre paramètres physiques correspondent à

Qu'est-ce que la sismique ?

Le principe de cette méthode est simple. Des ondes acoustiques sont créées en surface par des tirs d'explosifs, des chutes de poids, des engins vibrants. Les ondes pénètrent le sous-sol en traversant les couches géologiques avec des vitesses variables selon la nature des terrains. Ces vitesses seront rapides pour les terrains durs ou rigides, et lentes pour les terrains peu compacts ou mous : à titre d'exemple, les ondes sismiques auront une vitesse de 2 000 mètres/seconde dans des terrains mous et de 4 000 mètres/seconde dans des terrains rigides. Ces ondes se réfléchissent ou se réfractent lorsqu'elles rencontrent des changements de nature de roche.
Les lois régissant ces réflexions ou réfractions sont très semblables aux lois auxquelles obéissent en optique les rayons lumineux. Lors des réflexions, ces ondes renvoient une partie de leur énergie jusqu'en surface. Là des capteurs sismiques ou géophones les enregistrent : c'est le traitement de ces enregistrements qui permettra d'obtenir les images sismiques de la structure du sous-sol. Ces images permettent aux géophysiciens de "voir" l'architecture du sous-sol, comme celles d'un radar permettent de voir un avion dans le ciel, ou celles d'un sonar permettent à un bateau ou à un dauphin de "voir" les fonds marins.

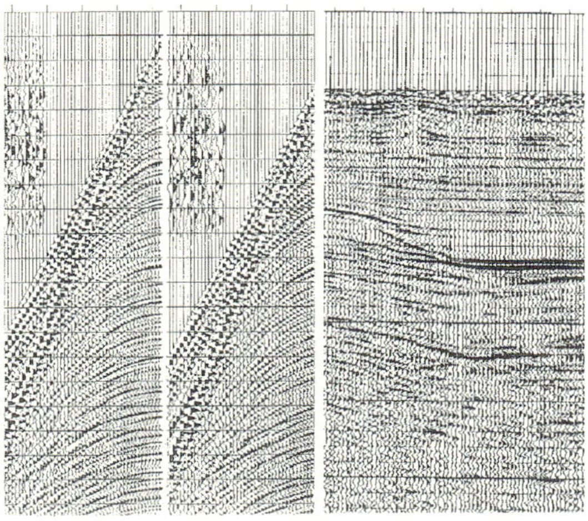

Image sismique de la structure du sous-sol ou "profil sismique".

Un bateau d'enregistrement sismique avec ses "flûtes" de géophones.

quatre types de techniques géophysiques : la gravimétrie, la magnétométrie, les sondages électriques, la sismique (ces méthodes sont aussi utilisées par les constructeurs de barrage, les prospecteurs miniers, les hydrogéologues).
Dans le domaine du pétrole et du gaz, la méthode la plus employée est, de très loin, la sismique. Elle représente à elle seule plus de 95% des dépenses de géophysique au plan mondial.
Grâce à la sismique, les géophysiciens tentent de déterminer deux éléments essentiels : la structure géologique d'ensemble de la zone et, en son sein, les structures capables de jouer le rôle de pièges à hydrocarbures. Ils cartographient ainsi les roches-réservoirs potentielles et les roches pouvant jouer le rôle de couverture.
La sismique permet aussi de visualiser les zones dangereuses comme les dépôts d'hydrates ou la présence de gaz superficiels. Les géophysiciens espèrent enfin déterminer avec une probabilité élevée la nature des fluides contenus dans les réservoirs des pièges ainsi localisés : pétrole ? gaz ? eau ? Cette question est d'une importance stratégique pour les explorateurs.
La géophysique comporte trois phases, correspondant à trois types de métiers : l'acquisition des données, leur traitement, leur interprétation.

L'acquisition des données

On l'appelle aussi géophysique de terrain. A terre, il s'agit de créer des pistes pour établir un maillage précis des "points de tir" où seront générées les vibrations, et un maillage précis des "points d'enregistrement" (géophones). Ces principes sont les mêmes que l'on opère au cœur des grandes villes, dans les forêts équatoriales, dans les déserts chauds ou glacés - seule la mise en œuvre des équipements doit s'adapter. En mer, des bateaux spécialisés traînent derrière eux des "flûtes", longues lignes d'hydrophones, formes marines des géophones *(photo page de gauche)*.
L'acquisition des données s'appelle aussi l'enregistrement. Cette opération est comparable à un enregistrement sonore : dans les deux cas, la difficulté sera d'obtenir un enregistrement clair, dépourvu de bruits de fond (bruit de la foule dans une salle de concert, bruit des vagues ou du vent en sismique).
On procède donc au filtrage des ondes sonores pour obtenir des signaux aussi purs et aussi intenses que possible. De la qualité des enregistrements va dépendre la qualité des travaux ultérieurs de traitement et d'interprétation.

Géophone en milieu glacé.

Une mission sismique en Egypte.

Le traitement des données géophysiques

Presque tous les géophysiciens, au moins au début de leur carrière, ont participé à des missions d'enregistrement de données sur le terrain, souvent loin de tout... Mais, si l'acquisition des données a gardé son parfum d'aventure, le traitement est devenu affaire de spécialistes de plus en plus pointus. La capacité toujours croissante des ordinateurs et le coût sans cesse décroissant des calculs permet de faire subir aux enregistrements des traitements mathématiques de plus en plus nombreux et élaborés. Cet abaissement des coûts postérieurs à l'acquisition des données a permis d'augmenter l'efficacité des traitements.
Il a aussi permis d'accroître la récolte des informations traitées, avec des maillages de plus en plus fins, des sources d'émission d'ondes sismiques et des récepteurs toujours plus nombreux.

L'interprétation géophysique

L'interprétation est une œuvre de synthèse. C'est le domaine des géophysiciens généralistes chevronnés. L'art du géophysicien interprétateur repose sur l'alliance d'une profonde compréhension de la géologie et de la capacité de jouer sur toutes les images obtenues par les divers traitements mathématiques. Aujourd'hui, l'ordinateur participe de plus en plus aux interprétations. Mais il y a une vingtaine d'années encore, le géophysicien interprétateur pointait lui-même à la main les horizons, et ses outils de base étaient alors le crayon bleu, le crayon rouge… et la gomme.

En effet, bien des tâtonnements étaient et sont encore aujourd'hui nécessaires avant d'arriver à des interprétations plausibles puis convaincantes.

Le résultat de ce travail est de fournir toute une série de cartes (cartes structurales, cartes d'isoépaisseurs etc), de coupes en deux dimensions ou de blocs diagrammes en trois dimensions. Depuis une trentaine d'années, la sismique est en effet progressivement passée d'une capacité à visualiser en deux dimensions (sismique dite 2D) à une capacité à visualiser en trois dimensions (sismique dite 3D). Tous ces documents permettront d'établir si des pièges paraissent exister et d'évaluer leur taille potentielle. Il restera alors à décider d'aller voir si ces pièges potentiels contiennent effectivement des hydrocarbures : pour cela il faudra les forer et donc passer à l'étape suivante, celle des forages d'exploration.

Station de géologie et de géophysique

Forages à faible profondeur pour sismique par charges explosives.

Le forage et les foreurs

Les géologues et les géophysiciens ayant défini où et à quelle profondeur pourrait se trouver un gisement d'hydrocarbures, arrive l'étape essentielle de la prospection : le forage d'exploration. C'est l'opération la plus coûteuse, plusieurs fois plus chère que les études géologiques ou géophysiques. Surtout, c'est elle qui déterminera si les prévisions des "géoscientistes" étaient exactes… ou pas, selon que le forage sera positif ou qu'il sera sec.

Le coût des forages d'exploration est très variable. Il est fonction d'une part des conditions géographiques (à terre ou en mer, zones accessibles faciles, zones difficiles, zones extrêmes) et d'autre part de la profondeur à atteindre. Ainsi il existe des forages d'exploration à faibles profondeurs (quelques centaines de mètres), réalisés en quelques jours, au coût inférieur à un million de dollars, mais aussi des forages à grandes profondeurs (5 000 à 7 000 mètres) qui peuvent durer plus d'un an et coûter jusqu'à cent fois plus cher.

Le forage rotary

Tous les forages pétroliers sont actuellement réalisés par forage rotatif (ou rotary). L'outil de forage ou trépan, est fixé au bout d'un train de tiges. Les outils de forage sont usuellement du type "tricône" à molettes dentées, aux dents d'autant plus courtes et plus dures que les terrains à traverser sont eux-mêmes plus durs. Dans le cas de terrains très résistants, ou pour le prélèvement d'échantillons de terrain ou "carottes", on utilisera des couronnes diamantées.

La rotation du trépan est généralement assurée depuis la surface, soit par un moteur situé au sommet des tiges, soit par une table de rotation située sur le plancher de l'appareil de forage. Plus rarement la rotation de l'outil sera assurée par une turbine située au fond du trou juste au-dessus du trépan : c'est le turboforage.

Afin de minimiser les frottements sur les tiges, de lubrifier et de refroidir le trépan, on injecte en permanence à travers le train de tiges de la boue, qui jaillira directement au niveau du trépan.

Cette boue sert aussi à équilibrer la pression avec celle des fluides contenus dans les horizons géologiques traversés par le forage, évitant ainsi les risques d'éruptions incontrôlées. La boue remontera dans l'espace annulaire existant entre le train de tiges et le tubage extérieur, permettant de rapporter en surface des fragments des terrains forés dits "cuttings".

Détail d'un trépan.

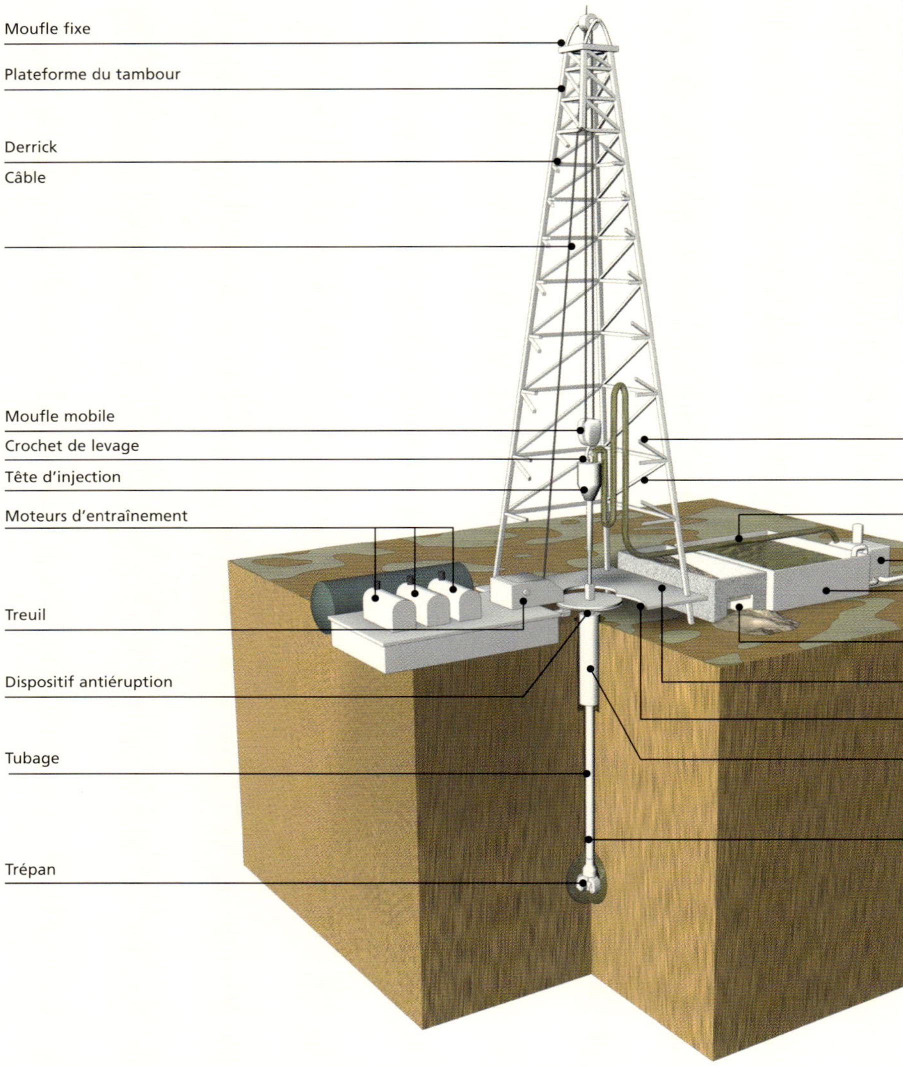

Principe du forage rotary à terre

Outil de forage tricone dit trépan.

Le forage en 1950.

Une équipe de spécialistes

Pour assurer le bon fonctionnement d'un appareil de forage, une équipe de divers spécialistes, qui compte souvent plusieurs dizaines de personnes, est nécessaire. Des ingénieurs foreurs calculent le programme de forage et l'ajustent tout au long de l'opération : diamètres des cuvelages successifs (tubes d'acier qui viendront consolider les parois du puits), types d'outils, types de boues. Les chefs foreurs s'assurent que l'appareil est utilisé de façon optimale : poids sur l'outil de forage, efficacité de la remontée des déblais, optimisation de la vitesse d'avancée, contrôle de l'usure des trépans. Ils sont entourés d'équipes chargées de visser et dévisser en permanence les éléments du train de tiges, de spécialistes des boues ou des opérations spécifiques telles que le forage dirigé, les cimentations, les perforations, les fracturations. Les différents spécialistes se rassemblent autour de l'appareil de forage qu'il s'agit de faire fonctionner de manière optimale, c'est-à-dire avec un maximum de sécurité et d'efficacité et au moindre coût. Le métier de foreur s'apprend beaucoup sur les chantiers et peu dans les salles de cours, aussi existe-t-il une très forte tradition de formation continue dans ce secteur. Parmi les métiers du pétrole, c'est là que la plus forte proportion d'ingénieurs provient de la promotion interne.

Une tête de puits "haute pression".

Outre les foreurs qui percent le trou, le forage implique d'autres spécialistes, qui observent ce qu'il y a dans le trou. Des géologues analysent et tentent de dater les *cutting*, fragments de roche arrachés par le trépan et récupérés dans la boue. Des ingénieurs procèdent aux opérations de diagraphie, c'est-à-dire qu'ils appliquent un certain nombre de méthodes géophysiques à l'intérieur du trou lui-même, soit en continu pendant le forage, soit entre deux phases de forage : mesure de conductivité électrique, de caractéristiques soniques, d'absorption de tel ou tel type de rayonnements radioactifs, ou mesures de résonance magnétique nucléaire tout à fait analogues dans leur principe aux scanners utilisés en imagerie médicale.

Les appareils de forage

Les appareils de forage se classent en familles de tailles et de puissances correspondant à la profondeur des objectifs à atteindre. Plus il faudra forer profond, plus l'appareil sera puissant et plus il sera lourd et coûteux.

En mer, les appareils de forage sont intégrés à un support, soit en liaison directe avec le fond marin, comme les plateformes auto-élévatrices, soit flottants, comme les plateformes semi-submersibles ou les bateaux de forage. La profondeur d'eau et les conditions océano-météorologiques (vent, vagues, courants) jouent un rôle-clé dans le choix des supports de forage. L'industrie pétrolière et les sociétés de forage ont accompli des progrès spectaculaires au cours des vingt dernières années : en offshore, on sait aujourd'hui forer par plus de 2 000 mètres de profondeur d'eau. Les forages dirigés et les forages horizontaux représentent aussi une remarquable avancée technologique.

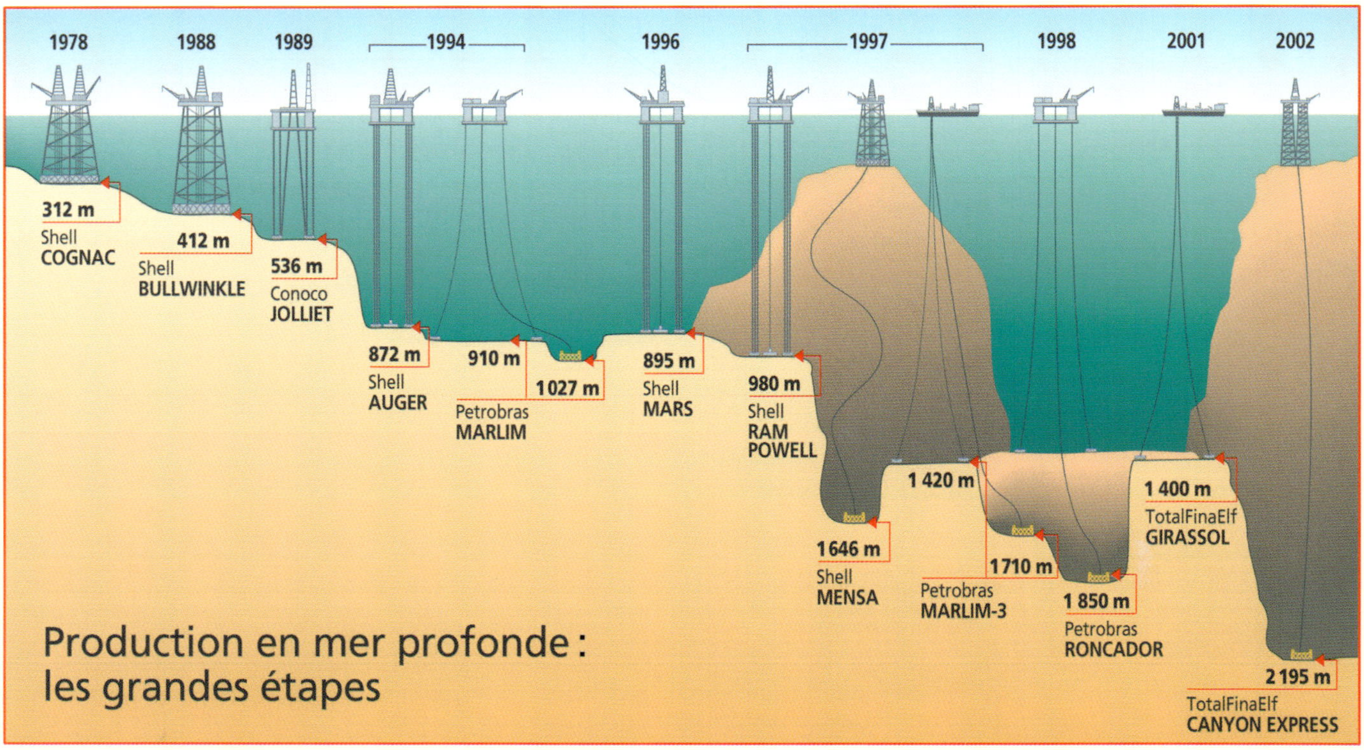

Exemples des différentes appareils de forage en mer

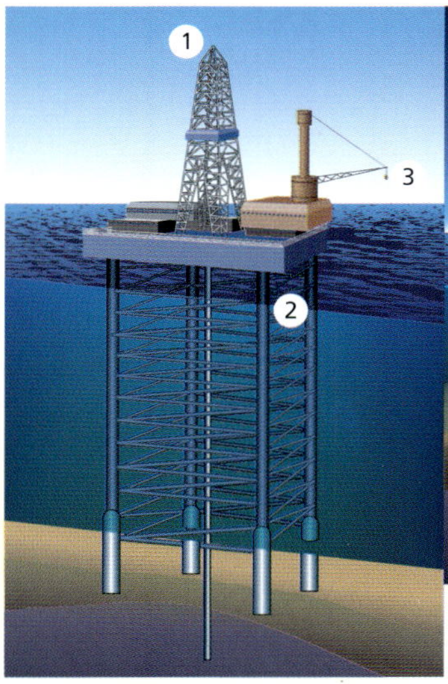

Une plateforme fixe
1. *Mât de forage*
2. *Structure support ancrée dans le fond marin.*
2. *Grue*

Une plateforme autoélèvatrice
1. *Piles mobiles verticalement*

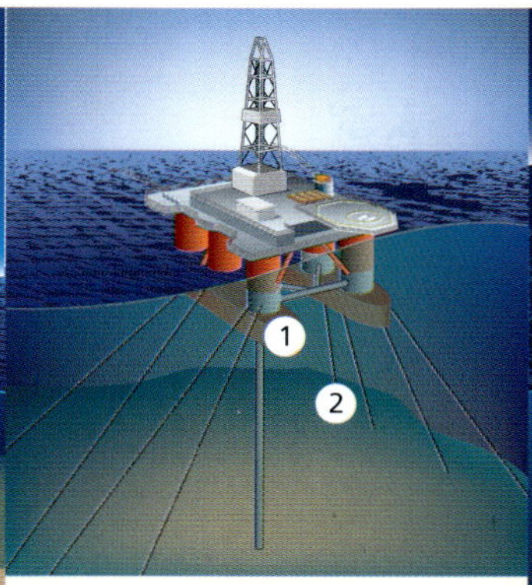

Une plateforme semi submersible
1. *Flotteurs*
2. *Câbles d'ancrage*

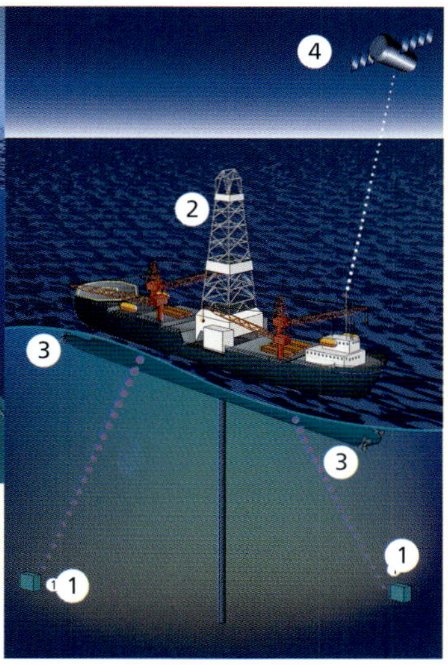

Un navire de forage
1. *Balises acoustiques*
2. *Mât de forage*
3. *Hélices de positionnement*
4. *Satellite pour positionnement*

Forages dirigés et forages horizontaux

Parmi les grandes avancées technologiques récentes du forage, il faut souligner les progrès des forages dirigés et en particuliers des forages horizontaux. Ces forages sont "pilotés", c'est-à-dire dirigés avec une très grande précision. On peut leur donner des trajectoires sinueuses, tant dans un plan vertical que dans un plan horizontal. Ceci permet d'explorer des réservoirs relativement minces, ou d'aller avec un seul puits reconnaître une série de petits réservoirs potentiels. Considérés séparément, ceux-ci n'auraient pas justifié économiquement d'être forés. Ces nouvelles techniques élargissent considérablement les performances possibles des forages, parfois en matière d'exploration mais surtout pour la production et pour l'amélioration des taux de récupération.

Le forage dirigé

Le profil d'un forage dirigé comporte trois phases :

- Une partie verticale réalisée suivant les techniques de forage classique.
- Une partie courbe au cours de la quelle la déviation est amorcée à l'aide d'outils déviateurs puis augmentée régulièrement (0,5 à 1° par 10 mètres... jusqu'à 90°).
- Une partie en direction de l'objectif, l'inclinaison étant maintenue constante par l'utilisation de stabilisateurs placés entre les masses-tiges.

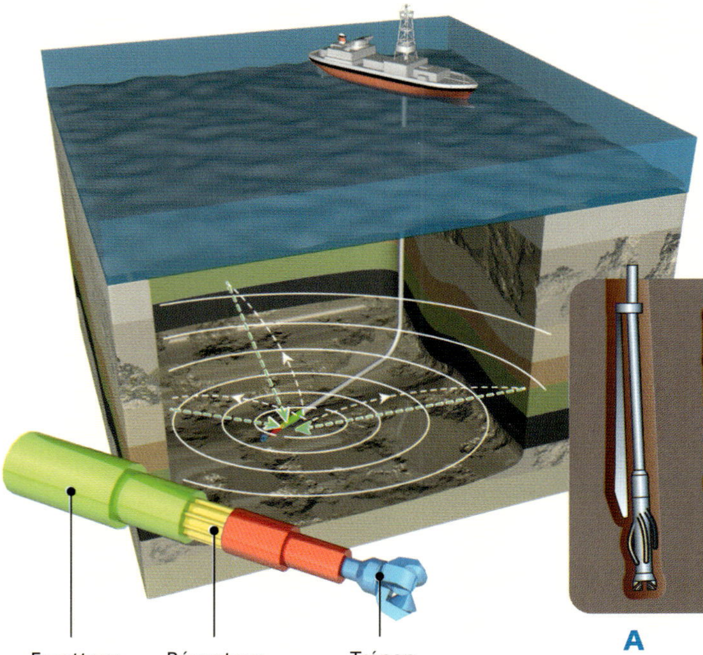

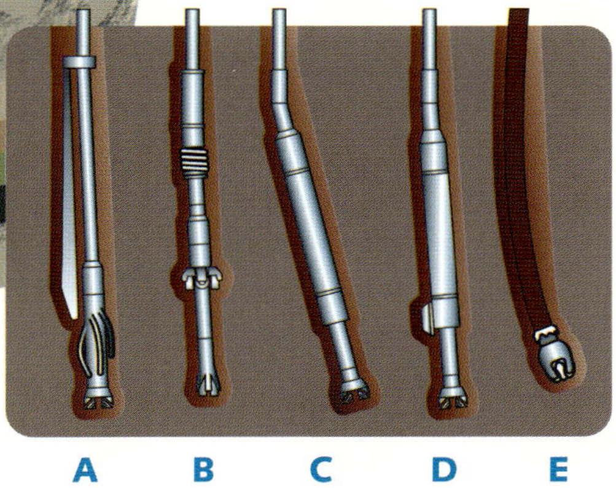

A Sifflet déviateur
Biseau d'acier placé au fond du trou et sur lequel le trépan vient s'appuyer pour attaquer la paroi du trou.

B Outil à genouillère

C Turbine à raccord coudé
Raccord coude de 1 à 2° placé au-dessus d'une turbine de forage qui oblige celle-ci à se décaler par rapport à la verticale.

D Turbine à patin d'orientation

E Trépan à évent large

La production et les producteurs

Après la découverte d'un gisement, aboutissement des efforts conjugués des géologues, des géophysiciens et des foreurs, intervient une phase d'évaluation de la découverte réalisée, qui inclut l'estimation de ses réserves potentielles.

Cette phase d'évaluation consiste tout d'abord dans la délinéation du gisement, c'est-à-dire la recherche de ses limites et de sa géométrie. Cette opération recourt au forage de puits de délinéation, à la prise d'échantillons dans les couches réservoirs (carottes) et à l'échantillonnage des fluides contenus dans ces couches (tests). Dans cette phase d'évaluation du gisement, une image sismique fine de celui-ci et de son environnement immédiat sera généralement réalisée. L'estimation des réserves et des futures caractéristiques productrices des puits d'exploitation est le domaine des ingénieurs-réservoir et du *reservoir engineering*. Les ingénieurs-réservoir ont pour mission de prévoir le débit des puits et la production du gisement au cours du temps en fonction des techniques utilisées. Ils s'appuient sur deux approches : une approche dite statique, qui intègre toutes les données sur les caractéristiques physiques des réservoirs (porosités, perméabilités, épaisseurs), et une approche dite dynamique, qui intègre toutes les informations fournies par les tests de production effectués sur les puits (variation des débits et des pressions au cours des tests, composition des effluents).

Une fois la délinéation et les études de réservoir achevées, la suite des opérations est prise en main par les producteurs ou ingénieurs de production. En s'appuyant sur toutes les données de la phase d'évaluation (cartes, coupes, modèles 2D ou 3D) ces spécialistes définissent la future architecture du champ. Il s'agit tout d'abord de déterminer le nombre et l'emplacement des puits. Les puits sont de divers types : puits de production et si besoin puits d'injection d'eau ou de gaz et puits d'observation. Ces spécialistes définissent aussi la taille des installations de surface nécessaires pour collecter et traiter les effluents qui sortiront des puits. Si ces principes généraux sont les mêmes pour tous les types de champs, les problèmes pratiques seront assez différents selon que ces installations se situeront à terre (champs *onshore*) ou en mer (champs *offshore*).

Les principaux types de puits sur un gisement de pétrole

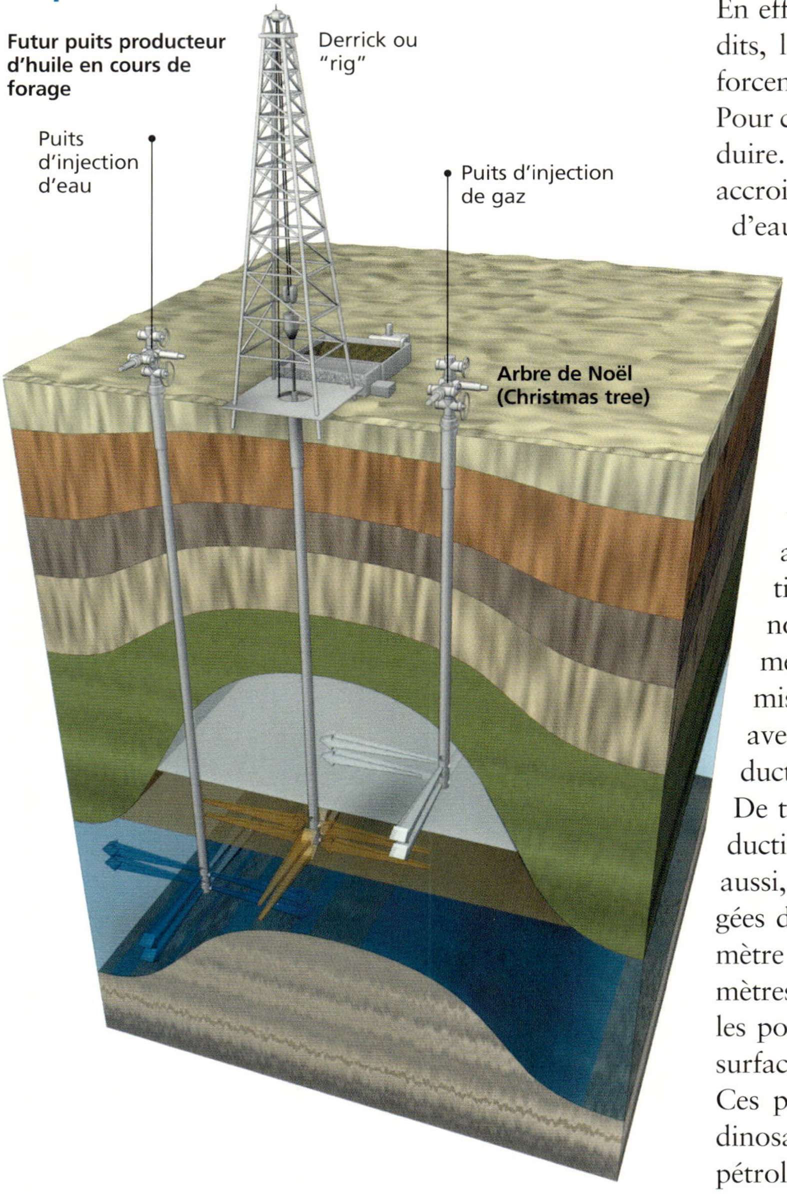

Le développement des champs : le forage et les puits

Il existe deux grands problèmes concernant les puits à forer pour assurer le développement d'un champ de pétrole ou de gaz.

Le premier problème est celui de la productivité des puits. Selon la pression du gisement, sa porosité et sa perméabilité, les puits débiteront plus ou moins de pétrole ou de gaz. En conséquence, ils seront naturellement éruptifs ou non. Si ce n'est pas le cas, il faudra stimuler la production. La stimulation des puits de production met en jeu deux familles de technologies. La première vise à améliorer en conditions de circulation des hydrocarbures dans les réservoirs : acidification, fracturation hydraulique. La deuxième vise directement à améliorer le débit des puits : pompage, injection de gaz dans les puits de production ou même injection de solvants dans les puits (cas de bruts très lourds ou très visqueux).

Le second problème est celui des types de puits à forer. En effet, au-delà des puits de production proprement dits, les ingénieurs-réservoirs et les producteurs s'efforcent d'optimiser la récupération des hydrocarbures. Pour cela, il leur faut souvent aider les réservoirs à produire. Généralement, ils leur apportent de l'énergie en accroissant la pression, par des injections de gaz, ou d'eau, ou d'une combinaison des deux. Plus rarement on injecte de l'azote, du gaz carbonique, de l'air ou des tensio-actifs. Parfois même on crée une combustion dans le gisement lui-même (combustion *in situ*) pour améliorer la fluidité du pétrole.

Les méthodes d'amélioration du drainage des réservoirs par injection d'eau ou de gaz constituent les techniques de base de la récupération assistée. Il n'est pas rare dans ce type d'exploitation que les puits d'injection puissent être aussi nombreux que les puits de production proprement dits. Dans la pratique, ces méthodes d'optimisation globale de la récupération se combinent avec les techniques de stimulation des puits de production déjà citées.

De toutes les technologies de stimulation de la production, la plus usuelle est celle du pompage. Là aussi, il existe de multiples variantes : pompes immergées dans les puits de production - de tout petit diamètre mais pouvant mesurer plusieurs dizaines de mètres de long - pompes polyphasiques, sans oublier les pompes à balancier, les seules qui, se trouvant en surface, sont exposées au regard de tous.

Ces pompes, qui ressemblent de loin à de placides dinosaures, sont devenues un symbole de l'industrie pétrolière. Apparues très tôt (début du XXème siècle), elles restent l'outil de pompage le plus robuste et le plus économe pour les faibles débits. De ce fait, ces pompes pourraient donc se multiplier à l'avenir, lorsqu'un nombre croissant de champs seront vieillissants et nécessiteront leur utilisation.

Cette permanence symbolise le fait que peuvent coexister dans une industrie des technologies nouvelles d'avant-garde et des technologies anciennes, lorsque ces dernières ont des caractéristiques particulières de fiabilité ou d'économie.

Procédé de récupération thermique de pétroles ultra-lourds

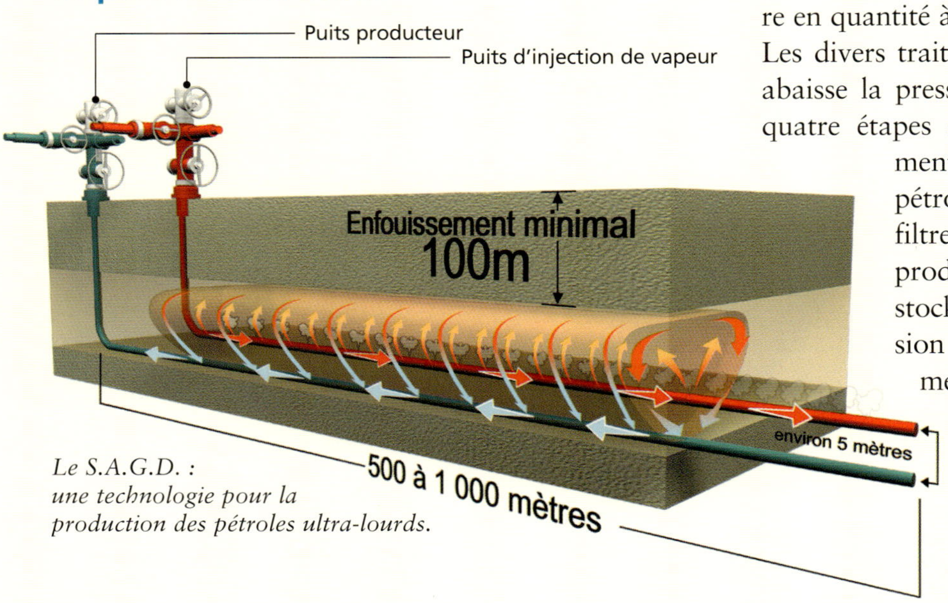

Le S.A.G.D. : une technologie pour la production des pétroles ultra-lourds.

Ce sont en revanche de nouvelles technologies, très élaborées, qui permettront demain par exemple de fluidifier et de stimuler la production des bruts ultralourds de l'Athabasca au Canada. Dans ce cas, les seules pompes à balancier seraient impuissantes, le pétrole brut étant figé à l'état solide dans le réservoir. Les producteurs espèrent résoudre ce problème par des techniques d'injection de vapeur recourant à des doublets de puits horizontaux - couples de puits d'injection de vapeur et puits producteurs du bitume fluidifié. Cette technologie est appelée S.A.G.D., initiales pour *Steam Assisted Gravity Drainage*. Dans cette technologie d'avant-garde, les puits producteurs devront eux-mêmes être stimulés par des pompes particulières, combinées ou non à l'injection de solvants dans les puits…

Toute cette haute technologie, contrairement aux ancestrales pompes à balancier, restera invisible puisque totalement enfouie dans les profondeurs du sous-sol.

Les installations de surface

Lorsque les hydrocarbures jaillissent du sous-sol au travers des "arbres de Noël" que sont les têtes de puits avec leurs multiples vannes, ils constituent un mélange à pression et à température souvent élevées. L'objet des installations de surface est de traiter les effluents pour les séparer en liquides stables et en gaz. Elles servent aussi à séparer l'eau produite avec les hydrocarbures afin de la traiter avant de la réinjecter ou d'en disposer. La teneur des effluents en pétrole, gaz et eau est très variable ; mais à l'échelle mondiale, la production d'eaux de gisements accompagnant celles du pétrole est deux à trois fois supérieure en quantité à la production pétrolière.

Les divers traitements sont en principe simples : on abaisse la pression du mélange produit en trois ou quatre étapes successives, on réchauffe éventuellement pour faciliter les séparations du pétrole, du gaz et de l'eau, on dessale, on filtre, on mesure les quantités stabilisées produites avant leur expédition et on les stocke dans des parcs de réservoirs à pression atmosphérique. Pour le gaz, les traitements sur champs peuvent être plus complexes : désulfuration, déshydratation poussée, extraction des gaz de pétrole liquéfié - dits GPL - (butane et propane) et parfois de l'éthane, ajustement du pouvoir calorifique aux spécifications commerciales (extraction du gaz carbo-

Un arbre de Nöel (Christmas tree).

"Upgrading" de pétrole ultralourd de l'Orénoque en brut synthétique : au premier plan les fours et les unités d'hydrogène, au second plan les unités de cocking. (SINCOR)

Mahakam en Indonésie.

Zone de pipeline au Moyen-Orient (années 1950).

nique dit décarbonation, extraction de l'azote). Souvent des installations de compression sont mises en place à la sortie des champs pour assurer l'expédition du gaz dans des gazoducs (pipelines à gaz).

Enfin, les installations de surface sur les champs abritent les équipements liés à l'amélioration de la récupération : traitement des eaux à injecter avec leurs pompes, systèmes d'injection d'eau, ou systèmes d'injection de gaz avec leurs compresseurs.

Un champ de pétrole ou de gaz est donc lui-même un système consommateur d'énergie, et il n'est pas rare que plusieurs dizaines de mégawatts de puissance électrique soient nécessaires au fonctionnement des installations d'un grand champ.

Au total cette énergie auto-consommée représente de 3 à 10% de l'énergie produite pour des champs classiques. Ce chiffre peut atteindre plus de 30% dans le cas de pétroles très lourds et très visqueux produits grâce à l'injection massive de vapeur.

Ouverture de tranchée pour la pose d'un pipeline.

Dans le cas des champs offshore, tout l'art des ingénieurs est de minimiser le coût des installations de traitement en les allégeant au maximum et en les rendant les plus compactes possibles. En effet, en mer, ces installations reposent sur des plates-formes, fixes ou flottantes, dont le coût peut être très élevé. La compacité des installations est obtenue en groupant les équipements dans des modules construits à terre. Les progrès des techniques de modularisation ont accompagné le développement des installations offshore et sont liés directement au progrès de la taille des grues servant à installer en mer les modules sur les plateformes. En une trentaine d'années, on est passé de modules de 1 000 tonnes environ à des modules dix fois plus gros,

Le champ de production d'Elgin/Franklin, situé au large de l'Ecosse, se compose de deux plateformes-puits (Elgin et Franklin), et d'une plateforme PUQ (production, utilités et quartiers) regroupant l'usine de traitement, les utilités et les quartiers d'habitation.

de l'ordre de 10 000 tonnes, donc nettement plus lourds que la tour Eiffel (6 500 tonnes). Dans le cas de plateformes fixes, ancrées au fond de la mer, l'ensemble constitué par le support ou jacket et les modules peut peser dix ou vingt fois le poids de la tour Eiffel !

Dans le cas des plateformes flottantes, le gigantisme devient aussi la règle. Ainsi, à titre d'exemple le tableau ci-dessous compare les installations de traitement en mer du gisement Girassol en offshore profond angolais à 1 400 m de profondeur avec celles d'un porte-avion.

	F.P.S.O. Girassol*	**Porte-avions Charles de Gaulle**
Taille de la coque	200 000 tdW**	40 000 tdW
Coût approximatif	4 milliards d'euros***	4 milliards d'euros

*Unité flottante de production et de traitement : Floating Production Storage and Offloading
** tdw = "tonnes dead weight" ou "port en lourd"
*** pour l'ensemble du projet Girassol

Une grande unité flottante de production : ici le FPSO de Girassol en Angola, qui produit 200 000 barils par jour à partir d'un gisement situé par 1 400 mètres de profondeur d'eau. Ce gisement comporte 39 puits sous-marins dont 23 producteurs, 14 injecteurs d'eau et 2 injecteurs de gaz.
La puissance installée à bord de ce FPSO est de 130 MW (130 mégawatts) soit la puissance nécessaire pour satisfaire les besoins en électricité d'environ 150 000 Européens.

1

2

3

1. Plateforme de traitement et compression de gaz du champ d'Abu Al Bukhoosh (Abu Dhabi).

2. Plateforme de forage de Lenkoran-Talysh, en mer Caspienne, avec l'héliport au premier plan.

3. Gabon. Plateforme offshore de Torpille.

4. Vue générale de plateformes de forage en Azerbaïdjan, mer Caspienne.

5. Les plateformes Elgin/Franklin en mer du Nord.

4

5

Le raffinage et les raffineurs

Opérateur d'une unité d'extraction de Butane Propane.

Qu'est-ce que le raffinage ?

Le pétrole brut n'est presque jamais utilisé directement : il est consommé sous forme de produits pétroliers dont les plus connus sont l'essence, le gazole, le kérosène ou jet-fuel et les fiouls.

Le raffinage est l'industrie qui permet de transformer le pétrole brut en produits pétroliers utilisables pour les consommateurs. Nous avons tous une notion intuitive de ce qu'est le raffinage d'une matière première : ce mot évoque la purification, comme par exemple la production du sucre blanc.

Pour le pétrole, le mot raffinage évoque tout d'abord de grandes usines, spectaculairement illuminées la nuit, parfois malodorantes, surmontées de cheminées et de hautes torchères : les raffineries. Cette industrie consiste essentiellement à réaliser deux types d'opérations :

- fractionner les pétroles bruts en les distillant, pour séparer leurs constituants en produits plus ou moins volatils (donc plus ou moins légers).

- purifier et améliorer chacun de ces constituants par des traitements physiques ou chimiques, et par de savants mélanges.

Les raffineries devront concilier la permanence de leurs grands sites industriels et des évolutions progressives mais importantes de leurs débouchés : évolution de la demande des différents produits et évolution de la qualité de ces produits. Ces évolutions à long terme modifieront les opérations des raffineries au cours du temps.

Evolution des débouchés du raffinage en France et dans l'UE

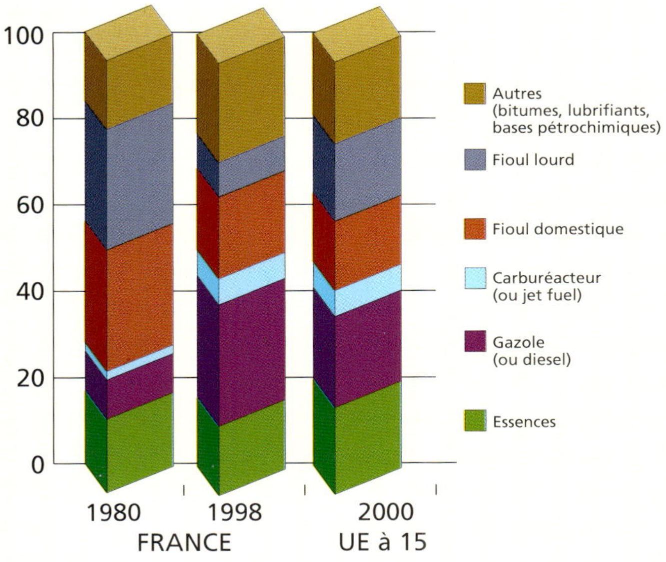

Qu'est-ce qu'une raffinerie ?

Une raffinerie comporte quatre types d'installations : les unités de traitement, les utilités, les stockages, les installations de mélange et d'expédition.

- Les unités de traitement constituent le cœur des raffineries : c'est là que l'on transforme véritablement le pétrole brut.
- Les utilités - comme pour toutes les autres usines - sont les installations annexes qui leur permettent de fonctionner : fourniture d'électricité, de combustibles, de vapeur, d'air comprimé, traitement des eaux.
- Les stockages jouent un rôle essentiel : il faut en effet de nombreux réservoirs pour stocker les différentes qualités de pétrole brut alimentant la raffinerie, pour contenir tous les produits intermédiaires ou semi-finis qui seront utilisés dans la confection des produits finis, et enfin tous les produits finis avant leur expédition. Les stockages occupent généralement plus de la moitié de la surface d'une raffinerie.
- Les installations d'expédition et de mélange : le dernier stade de la production des produits finis consiste à mélanger dans les bonnes proportions des produits intermédiaires ou bases afin d'obtenir les caractéristiques techniques et commerciales exigées pour chacun des produits finis. Enfin ceux-ci sont expédiés, par le rail, par la route, par tankers, par péniches ou par des pipelines à produits finis, ce qui suppose des installations particulières d'expédition pour chaque mode de transport.

Schéma d'une raffinerie

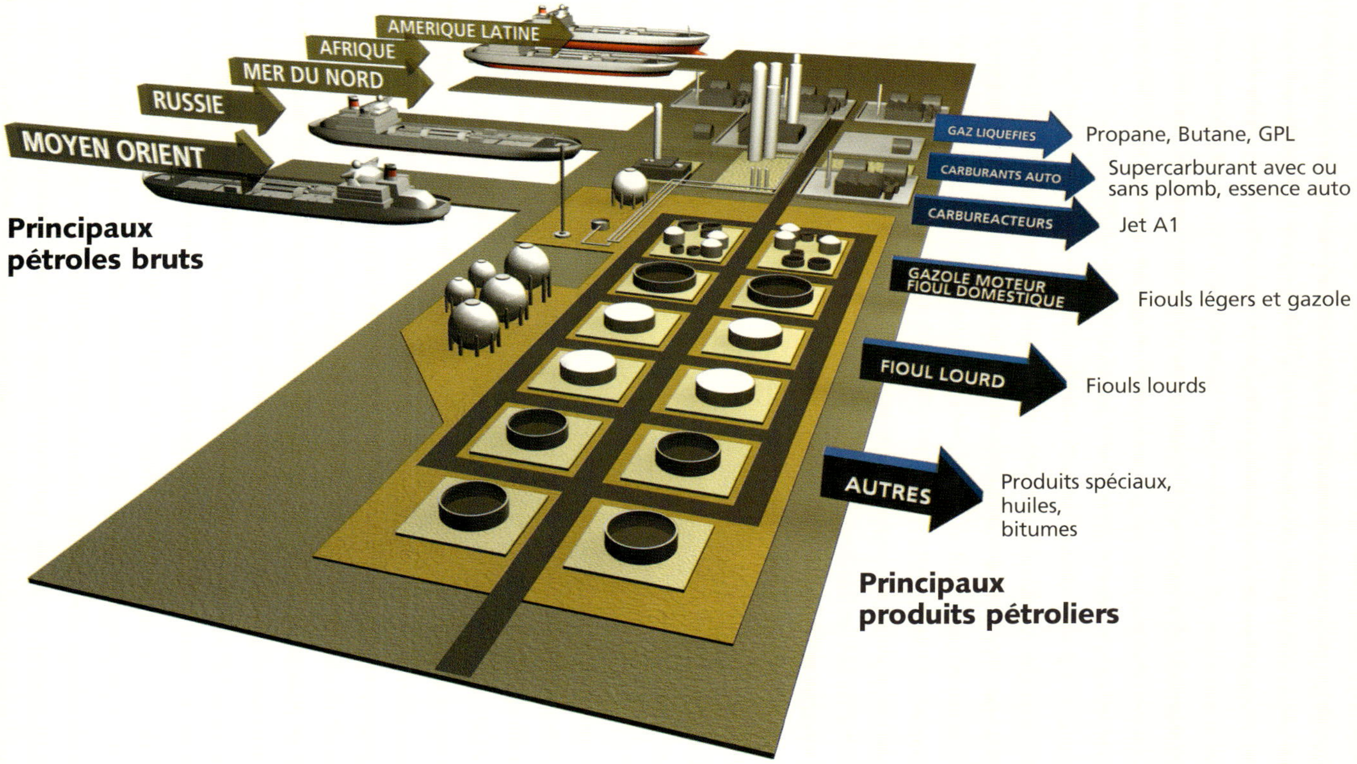

Principales sources de bruts et leurs teneurs moyennes en soufre (S)

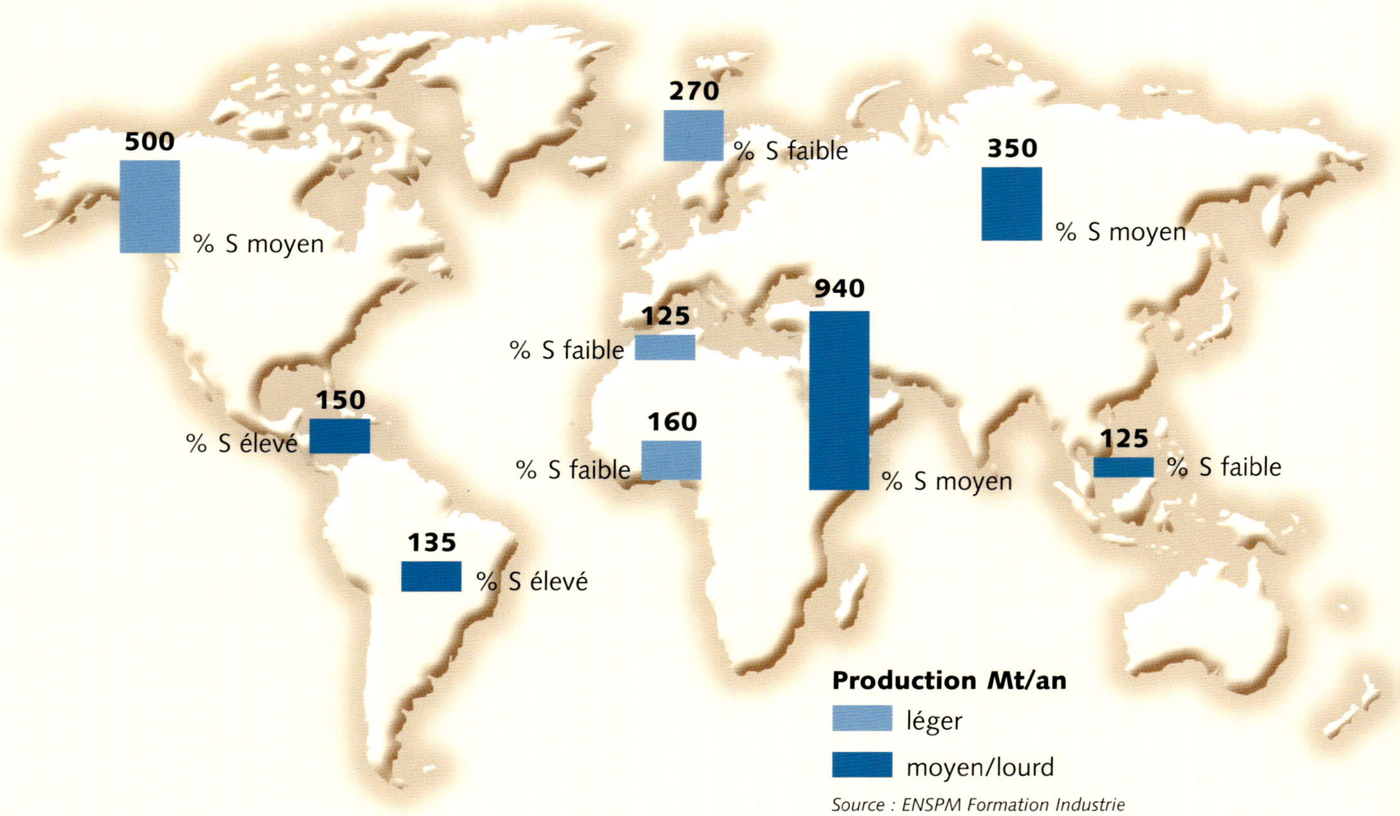

Source : ENSPM Formation Industrie

Les unités de traitement

On a vu qu'un pétrole brut était un cocktail d'hydrocarbures allant des plus légers (le méthane), aux plus lourds, solides à la température ambiante. Entre ces extrêmes se situent les hydrocarbures naturellement liquides, constituant l'essentiel des pétroles bruts : on peut dire que 95% de leurs molécules comportent entre 3 et 40 atomes de carbone.

La distillation, opération fondamentale du raffinage, permet de séparer les différents composants selon leur volatilité, liée à la taille des molécules. Lorsqu'on chauffe un mélange, les molécules les plus légères s'évaporent d'abord et sortent donc au sommet des gigantesques alambics que constituent les colonnes de distillation. Les plus lourdes sortent en bas des colonnes de distillation - c'est pourquoi on les appelle souvent les "fonds de colonnes" (fiouls lourds et bitumes). Selon la proportion de chacune de ces familles de molécules, les différents pétroles bruts vont donner des proportions différentes de chacun des grands produits lors des opérations de distillation.

Les prix des produits varient en gros en fonction de leur densité : les plus légers - comme les essences - sont les plus chers, tandis que les plus lourds - comme les fiouls et bitumes - sont les moins chers. Les prix des bruts varient donc de la même façon : plus un brut est léger, plus il donne des produits légers par simple distillation, et donc plus il est d'une valeur élevée à la tonne (unité de masse) ou au baril (unité de volume). Aujourd'hui encore, les raffineries les plus simples ne comportent comme unités majeures de traitement que des installations de distillation et des unités de finissage permettant de donner aux produits leurs caractéristiques commerciales : teneurs en impuretés (unités de désulfuration), indices d'octane des essences.

Cependant les proportions des produits et la qualité des produits tirés du brut par simple distillation ne correspondent généralement pas aux besoins des marchés, de plus en plus demandeurs de produits légers, en particulier pour les transports : essences, gazole, carburéacteur ou jet fuel. C'est pourquoi les raffineurs ont développé une autre grande catégorie d'installations utilisées après la phase de distillation : des unités de conversion transformant des produits lourds en produits plus légers *(voir encadré Les unités de conversion)*.

Dans le pétrole comme dans le cochon, tout est bon...

La distillation serait comparable au découpage du cochon, et les opérations de conversion et de finissage seraient l'équivalent de la préparation du boudin, du saucisson, du jambon et des côtelettes !

Rendements en coupes pétrolières offerts par différents pétroles bruts

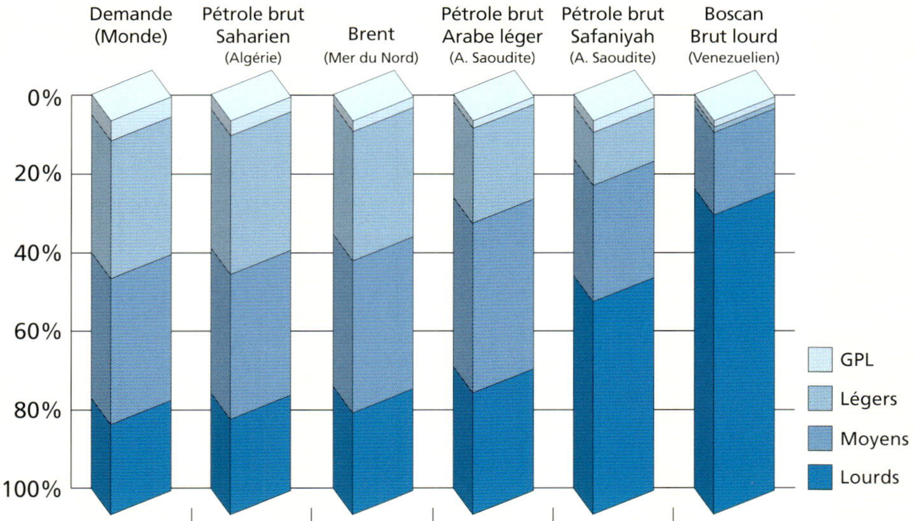

	Pétrole brut Saharien	Brent	Pétrole brut Arabe léger	Pétrole brut Safaniyah	Boscan Brut lourd
Densité	0,806	0,837	0,855	0,893	0,995
°API	44	37,5	34	27	10,7
Teneur en soufre % poids	0,2	0,3	1,7	2,8	5,3

Canalisations de gaz sur un site de traitement et de compression.

Les unités de conversion

Ces unités ont pour rôle de transformer des produits lourds, de faible valeur, en produits légers de plus forte valeur. A la différence des alchimistes capables de transformer miraculeusement le plomb en or, les raffineurs utilisent des unités de conversion, coûteuses et grandes consommatrices d'énergie.

On "casse" les grosses molécules sous l'action de la chaleur et de catalyseurs : c'est le craquage catalytique. On peut de plus les alléger en ajoutant de l'hydrogène : c'est l'hydrocraquage. On peut aussi combiner l'ajout d'hydrogène et l'extraction de carbone : ce sont les procédés de conversion profonde. Ces derniers permettent de convertir presque tous les résidus lourds en produits plus légers, ce qui évite d'avoir à transporter des produits comme les fiouls lourds, très peu biodégradables en cas de catastrophe maritime.

Le principal obstacle à la généralisation de ces procédés est leur coût élevé.

1

2

3

4

1. *Canalisations de gaz*

2/3. *Qatar. Vues d'une usine de liquéfaction de gaz*

4. *Salle de contrôle d'une usine de liquéfaction*

5/6. *Centre de production de San Diego, Venezuela*

5

6

Les raffineurs

La conception de raffineries nouvelles (cas peu fréquent dans les pays les plus développés, déjà équipés) ou plus couramment le choix d'unités nouvelles ou la modification d'unités existantes est le domaine des ingénieurs raffineurs. Une fois les installations réalisées, la phase d'exploitation, qui durera des dizaines d'années, requiert toute une gamme de compétences, liées les unes aux autres comme les membres de l'équipage d'un navire : ouvriers pour l'entretien et la mécanique, maîtrise pour la conduite des opérations d'exploitation, ingénieurs pour assurer en permanence l'optimisation économique de la raffinerie, prévoir et planifier les changements d'équipements mais surtout s'assurer du niveau requis de sécurité. En effet, les produits à base d'hydrocarbures étant hautement inflam-

mables voire explosifs, les problèmes de sécurité jouent un rôle essentiel dans l'exploitation d'une raffinerie. Toutes les raffineries sont dotées d'équipes spécialisées dans la sécurité tandis que l'ensemble du personnel est entraîné à la lutte anti-incendie et aux évacuations d'urgence. Les responsables d'une raffinerie doivent également bien maîtriser les questions environnementales, car les produits issus du raffinage pétrolier ne font pas tous bon ménage avec l'environnement. Ainsi, pour fabriquer des produits finis contenant le minimum de soufre, les raffineries extraient le soufre… qui se retrouvera en partie dans l'atmosphère. De même, l'eau en contact avec le pétrole brut ou avec des produits est toujours plus ou moins polluée ; il faut la traiter pour protéger les nappes aquifères ou les rivières proches des raffineries. Les problèmes d'environnement sont souvent de véritables casse-têtes : en luttant contre un certain polluant, on favorise fréquemment le développement d'autres dommages à l'environnement. Ainsi, plus on veut des produits finis propres, exempts de soufre, et plus on consomme d'énergie et d'hydrogène pour y parvenir : on augmente alors automatiquement les émissions de gaz à effet de serre !

La liquéfaction du gaz naturel

Qu'est-ce qu'une usine de liquéfaction ?

Pour transporter le gaz sur de grandes distances maritimes, il est souvent impossible d'utiliser des gazoducs, les profondeurs d'eau ou les distances étant trop importantes. On a alors recours à un procédé ingénieux pour "compacter" le gaz et le rendre transportable par navires : on le liquéfie. Tous les gaz sont liquéfiables en les refroidissant, qu'il s'agisse de l'air, de l'hydrogène, ou du gaz naturel. Mais, plus ils sont légers, plus les températures à atteindre doivent être basses. Ainsi pour le méthane, constituant principal du gaz naturel, la température de liquéfaction est d'environ -160°C. Le produit obtenu est du gaz naturel liquéfié ou GNL.

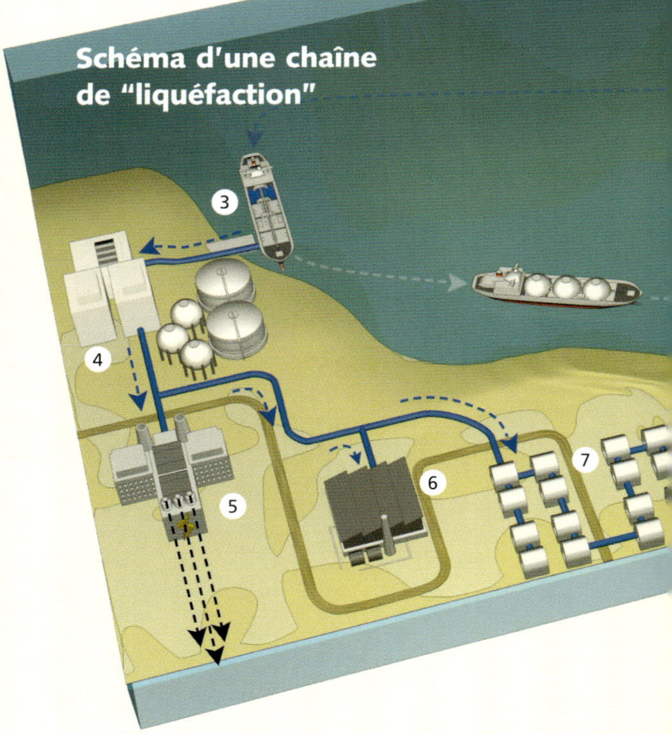

Pour mener à bien cette opération, on a réalisé des usines de liquéfaction, dont le principe est très simple : ce sont de gros réfrigérateurs ! Ces usines fonctionnent effectivement selon les mêmes principes que tous les réfrigérateurs domestiques : on utilise un ou plusieurs gaz dits frigorifiques, qu'on comprime pour les liquéfier puis qu'on détend pour produire du froid. En effet, tout liquide qui s'évapore produit du froid - nous avons tous expérimenté cela en sortant d'une piscine ! C'est ce froid qui, grâce à des "échangeurs de chaleur", sera transmis au gaz naturel qu'on veut liquéfier. Le principe des échangeurs de chaleur est aussi très simple : c'est celui des radiateurs de chauffage central. De l'eau chaude circule dans des tubes et réchauffe la pièce au contact de l'air. Dans le cas des réfrigérateurs ou des usines de liquéfaction, on fait circuler dans des tubes un gaz frigorifique froid, qui fait baisser la température du gaz naturel à liquéfier.

La chaîne du GNL

Solution complémentaire au transport par gazoduc, le gaz naturel peut être traité et débarrassé de ses impuretés, puis liquéfié (1).

Devenu GNL, ou gaz naturel liquéfié, le gaz est stocké avant d'être chargé sur un méthanier (2).

Ce type de navire tout spécialement adapté - ses réservoirs ont une capacité moyenne de 135 000 m³ - maintiendra le GNL à -163°C jusqu'au terminal de réception (3).

Là, le GNL est regazéifié (4) en vue de sa distribution vers des centrales électriques (5), des industriels (6) ou des habitations (7).

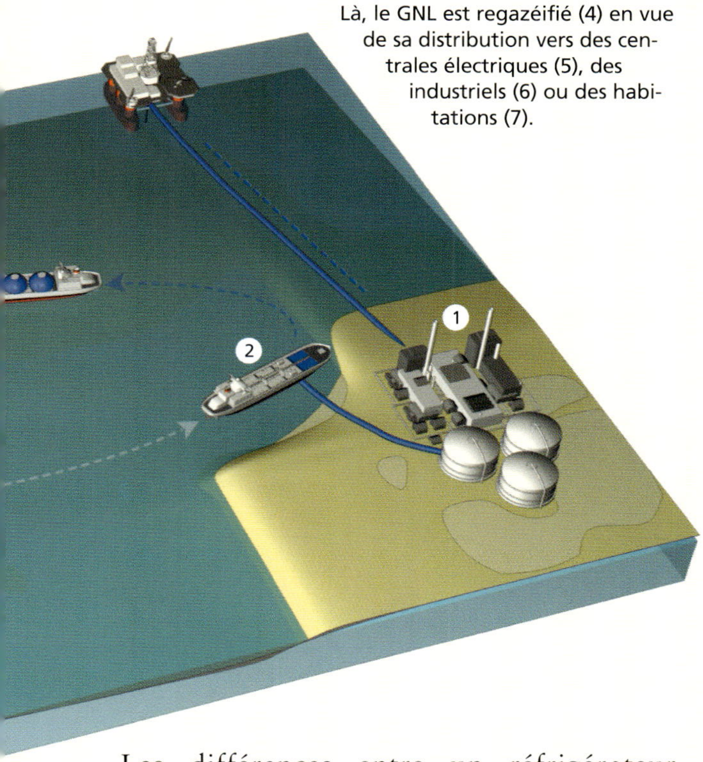

Les différences entre un réfrigérateur domestique et une usine de liquéfaction tiennent à la nature des gaz frigorifiques, et surtout à la taille des installations. Alors qu'un petit réfrigérateur domestique a une puissance de l'ordre de 150 watts, une unité ou un train de liquéfaction peut atteindre actuellement une puissance de 150 mégawatts... c'est-à-dire un million de fois plus.

Développement de la liquéfaction du gaz naturel

Si le principe physique de la liquéfaction du gaz naturel est simple, sa mise en œuvre industrielle est relativement récente. Ce sont les considérations d'économie, les problèmes de risques et de matériaux spéciaux qui expliquent le développement tardif de la liquéfaction au plan industriel : ainsi, il a fallu créer des aciers résistants à -160°C, température où les aciers classiques deviennent aussi fragiles que du verre et se brisent tout seuls. La première usine de liquéfaction de gaz naturel a démarré en 1964 à Arzew en Algérie, pour alimenter les marchés français et anglais.

Depuis, l'industrie du GNL s'est développée de façon remarquable.

En même temps que se développaient les marchés du GNL, en Europe puis en Asie, de nouveaux procédés de liquéfaction sont apparus.

Tous reposent sur des principes identiques, mais à force de progrès et d'augmentation de la taille des équipements (turbines, compresseurs, échangeurs, bacs de GNL), on est arrivé en gros à diviser par deux les coûts unitaires de liquéfaction au cours des vingt dernières années. Ces économies importantes sont une des causes principales de la généralisation des chaînes de liquéfaction.

Cette expression désigne les ensembles constitués par les usines de liquéfaction, les flottes de navires spécialisés ou méthaniers qui transportent le GNL à -160°C et les terminaux de réception. On parle de chaînes car ce sont des ensembles semi-rigides.

Ces chaînes fonctionnent entre des points bien définis (des usines vers les terminaux), mais avec une certaine souplesse. Cette souplesse permet de commercialiser une partie de la production en dehors des clients d'origine, ceux pour lesquels une chaîne a été conçue et réalisée au départ. Ces ventes dites spots ne cessent de se développer.

Les terminaux GNL

Si un pays veut importer du GNL, il lui faudra construire des ports spécialisés où les méthaniers pourront être déchargés : ce sont les terminaux de réception GNL. Ces terminaux comportent essentiellement trois types d'installations :

- *des installations de déchargement du GNL (quais ou jetées spécialisés avec les systèmes de conduites permettant de pomper le GNL des méthaniers vers la terre)*
- *des bacs de stockage du GNL*
- *des installations de revaporisation permettant de le "regazéifier" et de fournir du gaz naturel aux réseaux de gazoducs du pays importateur ou à de gros consommateurs comme des centrales électriques. Lors de la revaporisation, un mètre cube de GNL donnera environ 600 m³ de gaz à l'état gazeux et à pression atmosphérique.*

Les transports maritimes du pétrole et du gaz : tankers et méthaniers

Qu'il s'agisse du pétrole ou du gaz, on utilise les transports maritimes pour différentes raisons. Souvent, c'est la seule solution techniquement possible (mers profondes à franchir) et sur de longues distances, c'est le mode de transport le moins coûteux, même comparé à de gros oléoducs ou de gros gazoducs.

En outre, les transports par navire offrent un avantage important en termes de sécurité d'approvisionnements : ils évitent le passage par des pays de transit, et diminuent donc les risques de péages excessifs ou de fermeture des voies de transport du fait d'actes de sabotage ou de raisons politiques.
Un des premiers navires véritablement conçus pour le transport du pétrole fut le Murex, construit en 1892 par le groupe Shell. Sa capacité de transport (port en lourd ou *dead Weight* : dW) était de 5 000 TdW (tonnes de port en lourd). Les pétroliers standard durant la seconde guerre mondiale, dits T2, étaient des navires plus de trois fois plus gros, d'environ 17 000 TdW. C'est à la fin des années 1970 que furent construits les plus gros pétroliers avec des tailles de l'ordre de 550 000 TdW (plus de 100 fois le Murex !).
Les coûts unitaires des transports par tankers ont fortement baissé avec la hausse progressive de la taille des tankers.

Les transports par tankers pétroliers

Les transports maritimes pétroliers représentent une part essentielle du commerce mondial : selon les époques, entre un tiers et la moitié des transports par mer, toutes catégories confondues. Leur progression a connu une croissance liée à celle des consommations, ainsi qu'à celle des distances moyennes entre les lieux de production et les lieux de consommation.

	Evolution de la flotte pétrolière mondiale en service (capacité de la flotte)	**Evolution du transport mondial par tankers pétroliers** (quantités transportées par an)
1935	15 millions TdW	100 millions de tonnes
1960	60 millions TdW	500 millions de tonnes
1980	300 millions TdW	1700 millions de tonnes
2000	280 millions TdW	1600 millions de tonnes

** Navires de plus de 10 000 TdW pour 1980/2000 (hors navires désarmés et navires en cours de construction).*

Chargement de barils au début du siècle dernier.

Les transports maritimes pétroliers

L'industrie du transport maritime implique principalement deux familles d'acteurs : d'une part les propriétaires et armateurs des navires, d'autre part les chargeurs (sociétés pétrolières et traders, propriétaires des cargaisons transportées). Les rapports entre les divers acteurs (ou parties prenantes) ont évolué au cours du temps.

Les grandes sociétés pétrolières internationales ont longtemps possédé des filiales propriétaires et exploitantes de grandes flottes de navires pétroliers. Cette tendance s'est beaucoup réduite depuis les années 1970-1980. Cette "désintégration" de la fonction des transports maritimes est due à un ensemble de causes. Après le choc pétrolier de 1973, les sociétés pétrolières internationales perdirent le contrôle de l'essentiel des réserves au profit des sociétés pétrolières nationales. Pour les majors, cela changeait profondément le rôle des transports maritimes : planifiables avant le choc, ils devenaient beaucoup plus imprévisibles après celui-ci, justifiant le recours accru à des opérateurs spécialisés, plus souples.

Une seconde cause fut la tendance mondiale à l'ouverture de la concurrence dans tous les domaines. Cette libéralisation permit à de nombreux pays disposant d'équipages à bas prix de revient de concurrencer les flottes des sociétés pétrolières. La libéralisation des règles liées au pavillon et à la fiscalité applicables aux transports pétroliers joua dans le même sens, facilitant le développement des pavillons de complaisance (pavillons de pays acceptant d'immatriculer des navires en prélevant de faibles impôts, mais n'assurant pas ou assurant mal les responsabilités de contrôle au plan technique).

Enfin, les sociétés pétrolières minimisèrent leur rôle dans la propriété et l'exploitation des navires pétroliers lorsqu'il apparut que les risques encourus devenaient disproportionnés dans l'exercice du métier de transporteur. Les cas des catastrophes de l'*Amoco Cadiz* en 1978 puis de l'*Exxon Valdez* en 1989 furent exemplaires à cet égard *(voir chapitre 10)*.

Cette tendance fut accentuée par l'adoption de conventions internationales qui, en cas de catastrophe, font porter la responsabilité juridique aux transporteurs (les armateurs propriétaires) et non aux propriétaires des cargaisons. Le principe du "pollueur-payeur" n'a rien de simple dans les faits et en termes

Transports maritimes pétroliers : qui fait quoi ?

Les propriétaires des navires peuvent être de grandes sociétés spécialisées dans la propriété et l'exploitation de navires, ou des filiales spécialisées des sociétés pétrolières, mais ce peuvent être aussi de petites sociétés propriétaires d'un seul navire, ou même des particuliers se partageant la propriété d'un navire. Les armateurs, quant à eux, se chargent d'armer les navires, c'est-à-dire de les exploiter : fourniture d'un équipage compétent, des vivres et du carburant nécessaires, entretien et exploitation courante proprement dite. Ce métier est le plus souvent combiné avec le fait d'être propriétaire de navires, mais peut parfois s'exercer indépendamment de la propriété (les Anglo-saxons parlent de ship owners et de ship managers).

Les propriétaires des cargaisons ou chargeurs peuvent être les vendeurs de ces cargaisons : c'est le cas des ventes dites CIF (Cost-Insurance-Freight), c'est-à-dire des ventes livrées aux clients dans les ports de débarquement. Mais les propriétaires des cargaisons peuvent aussi être les acheteurs de celles-ci : c'est le cas des ventes dites FOB (Free on Board), c'est-à-dire des ventes où l'acheteur vient lui-même charger le pétrole ou les produits pétroliers à leur point de chargement. De sorte que les propriétaires des cargaisons peuvent être, selon les cas, des sociétés pétrolières, des sociétés de négoce (traders), *ou des gros consommateurs (raffineurs, sociétés pétrochimiques, centrales électriques...). Pour compliquer les choses, il n'est pas rare qu'une cargaison soit vendue pendant son transport en mer, changeant ainsi de propriétaire - parfois plusieurs fois - en cours de route.*

On imagine aisément la complexité des problèmes de responsabilité en cas d'accident dans de telles situations : on ne sait pas toujours qui sont les véritables propriétaires des bateaux, qui sont véritablement les responsables de leur exploitation, et parfois même qui sont véritablement les propriétaires des cargaisons !

SNCF
170569

Les taux de fret : comment ça marche ?

Si une société veut faire transporter une cargaison de pétrole ou de produits pétroliers et qu'elle n'est pas elle-même propriétaire de navires pétroliers, elle s'adresse au "marché des transports", c'est-à-dire à l'ensemble des exploitants de navires ou armateurs. Sur ce marché, sorte de bourse internationale des transports maritimes, les coûts des transports font l'objet de cotations journalières, comparables aux cotations des matières premières. Dans le cas des transports maritimes, ces cotations s'appellent "taux de fret". Leur niveau reflète l'état de l'équilibre entre l'offre et la demande, c'est-à-dire entre le nombre de navires disponibles pour le transport considéré (distance, quantité, types de produits) et les besoins en transports à assurer par ces navires. Il existe plusieurs bourses et systèmes de cotation dans le monde, les plus connus étant les systèmes dits Worldscale et AFRA.

Lorsque le propriétaire d'une cargaison veut faire assurer le transport de celle-ci, il reçoit les offres de divers armateurs, reflétant les taux du marché et les bateaux disponibles au moment où ces offres sont effectuées. Il doit alors effectuer le choix final du navire, après s'être assuré de sa conformité, de son état, des compétences de son équipage, et signer avec l'armateur un ou des contrats d'affrètement dits "chartes parties". Ces contrats peuvent être de nature assez différente selon qu'il s'agira d'un voyage unique, de quelques voyages, ou d'un besoin de plus long terme (une ou plusieurs années). On parlera alors, selon les cas, d'affrètements spot, d'affrètements à moyen terme ou d'affrètements à long terme.

Un chantier de construction navale.

de droit. La question fondamentale est de savoir qui pollue : le propriétaire du navire qui se brise ou le propriétaire de la cargaison qui se répand ?

Ainsi, dans la réalité, les principes du droit ne furent pas toujours respectés : les opinions publiques et les ONG ont pu interpréter à leur façon le principe du "pollueur-payeur" en tenant pour responsables les propriétaires des cargaisons.

Deux catastrophes récentes très similaires se sont produites en Europe, avec des conséquences différentes :

- En 1999, lors de la marée noire de l'*Erika* en France, Total n'est que le propriétaire de la cargaison. Mais, sous la pression de l'opinion publique, il intervient

Construction d'un tanker pétrolier.

Un navire pétrolier ou tanker.

aux côtés de la mutuelle d'assurance de la profession (le FIPOL) pour couvrir les frais liés à ce sinistre.

- En 2002, lors de la marée noire du *Prestige* en Espagne, les propriétaires de la cargaison ont peu été impliqués par l'opinion publique et les victimes ont retourné leur colère contre leur gouvernement.

Les transports par méthaniers

Le gaz étant une énergie diffuse, il faut la concentrer avant de pouvoir la transporter par voie maritime.

Pour ceci, il existe en pratique deux possibilités :
- soit transformer le gaz en produits chimiques liquides comme l'ammoniac ou le méthanol... ou en hydrocarbures liquides de synthèse,
- soit transporter le gaz à l'état liquéfié par cryogénie (à -160°C) dans des navires spécialisés dits méthaniers.

C'est la forme qui s'est développée depuis 1964 avec la mise en route de la première usine de liquéfaction. Parallèlement à la construction des usines de liquéfaction, la flotte mondiale de méthaniers s'est rapidement développée.

Les méthaniers sont des navires recourant à des technologies avancées et à des matériaux onéreux : aciers spéciaux résistant aux très basses températures, isolants à haute efficacité... Il en résulte que le transport de gaz naturel par méthanier coûte 4 à 5 fois plus cher que le transport du pétrole, par unité d'énergie transportée. Malgré ses coûts élevés l'industrie du GNL apporte une souplesse économique et des avantages géopolitiques qui expliquent son succès. Le secteur du gaz naturel liquéfié connaît en effet une croissance remarquable : en 1980 il représentait 15% du transport international du gaz, mais en 2000 il en représentait déjà 25% (avec plus de 140 milliards de mètres cubes sur un commerce international de gaz de 550 milliards de mètres cubes).

Les types de méthaniers

Deux familles de technologies existent pour la construction de méthaniers, et ceci depuis l'origine de ces nouveaux navires (1964) :

- Les méthaniers à cuves autoporteuses (cuves cylindriques ou le plus souvent cuves sphériques, logées dans la coque du navire mais indépendantes de celle-ci)
- Les méthaniers à cuves intégrées dans la coque du navire dits aussi méthaniers à cuve membrane (une membrane en nickel ou en acier spécial résistant aux -160°C du GNL, assurant l'étanchéité des cuves et des isolants, évitant que la coque du navire soit soumise aux basses températures).

Un méthanier standard (135 000 m³) transporte la même quantité d'énergie qu'un tanker pétrolier deux fois plus petit (70 000 TdW) mais coûte trois fois plus cher. Au total, le transport par méthanier est 4 à 5 fois plus cher par unité d'énergie transportée que le transport du pétrole brut par tanker.

Navire méthanier à sphères

Navire méthanier à membrane

Gaz naturel dans le monde en 2002
en milliards de m³

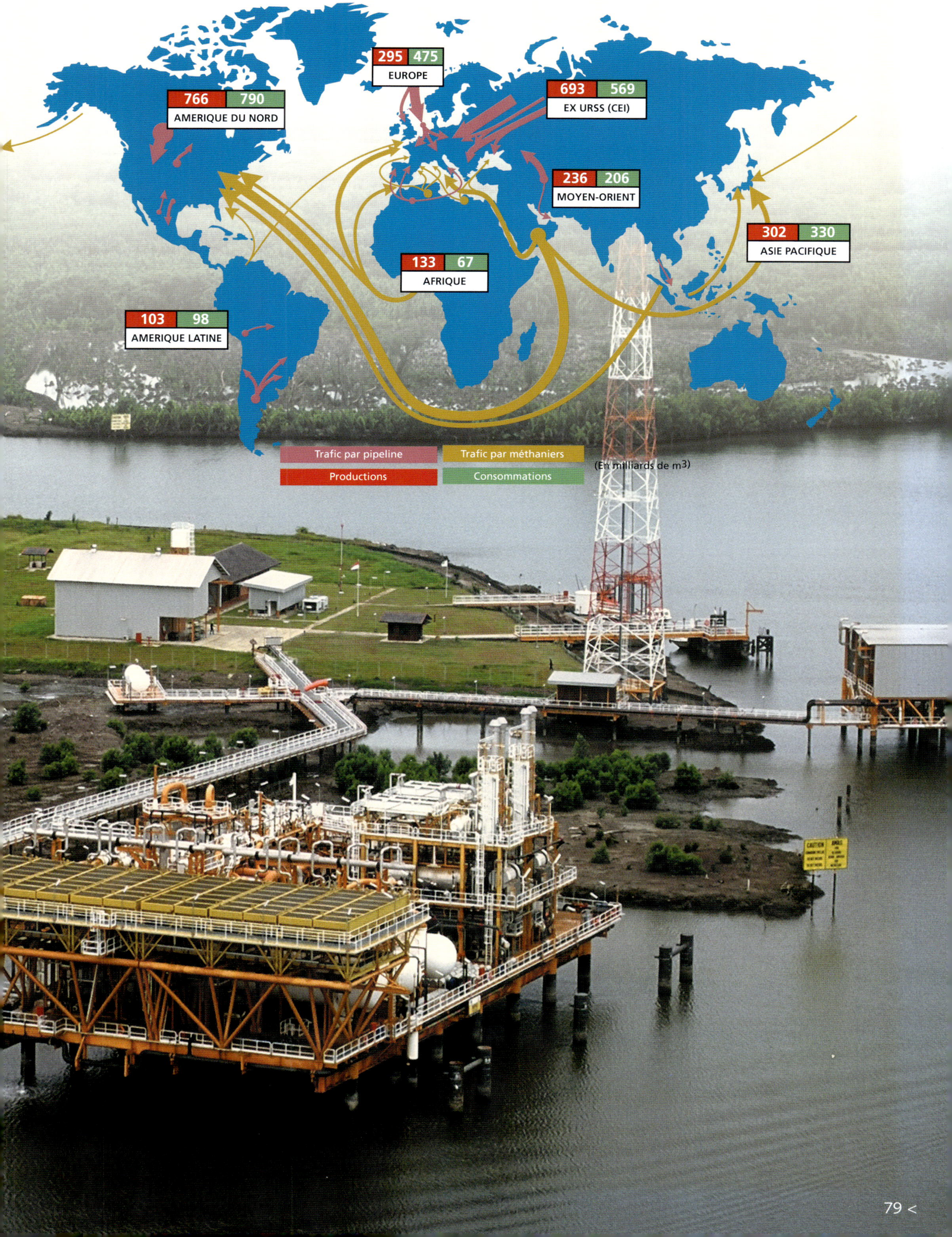

La raffinerie d'Anvers en Belgique,
l'un des sites les plus importants d'Europe

La distribution des produits pétroliers

La commercialisation des produits pétroliers ou distribution pétrolière est visible par tous - chacun "fait le plein" de son véhicule ou se fait livrer du fioul domestique pour remplir la cuve de stockage de sa chaudière - mais elle ne représente qu'une partie des canaux de distribution utilisés par l'industrie pétrolière. L'essentiel des moyens de transport et de stockage ou chaîne logistique existant entre les raffineries et les points de vente finaux reste peu visible ; c'est pourtant une activité économique majeure, aux coûts élevés par rapport aux autres coûts de la chaîne pétrolière.

Dans presque tous les pays, ces moyens se résument à des réseaux de dépôts de stockage, avec un ou plusieurs bacs pour chacun des types de produits fournis par les raffineries. Celles-ci utilisent les moyens d'expédition les plus divers : conduites à produits finis, péniches, chemins de fer, camions. Mais l'organisation et la propriété des moyens logistiques varient fortement d'un pays à l'autre. Ainsi, les dépôts peuvent appartenir collectivement à des associations de plusieurs sociétés pétrolières, à une seule d'entre elles, ou même à des sociétés spécialisées.
Depuis ces dépôts, l'essentiel des produits sera livré aux exploitants des points de vente (vente en stations-service) ou directement aux clients finaux lorsque ceux-ci sont importants (vente en vrac aux industriels), pour l'essentiel par des flottes de camions-citernes.
Ces camions appartiennent le plus souvent à des entreprises spécialisées, et parfois aux sociétés pétrolières elles-mêmes. On retrouve ces deux mêmes possibilités pour les stations-services : en Europe ou ailleurs, la majorité des stations appartiennent à des propriétaires privés, mais qui sont en général sous contrat avec une société pétrolière. En effet, les points de vente permettent aux pétroliers d'être visibles aux yeux de leurs clients.

1. Premiers wagons et camions-citernes. 2/3. Le compartimentage des wagons et des camions-citernes.
4. Camion-citerne de nos jours.

Une station-service en 1959.

C'est pourquoi ils s'efforcent de constituer des réseaux de distribution portant leurs couleurs et leur logo.

Il existe cependant deux grands types d'exceptions à cette solution classique, qui représentent deux tendances presque opposées : la distribution par les grandes surfaces commerciales et la distribution sur les autoroutes.

La distribution par les grandes surfaces, d'abord développée en France, a gagné progressivement de nombreux pays d'Europe et au-delà. Pour ces spécialistes de la distribution, qui achètent les carburants aux sociétés pétrolières ou sur les marchés de gros spécialisés, les carburants constituent des "produits d'appel". Leurs stations ayant de très gros débits et leurs frais étant réduits, du fait d'un service minimum, ils peuvent consentir des prix bas : c'est l'attrait de ces prix discount qui assure leur succès. A l'opposé, le long des autoroutes, on trouve des stations offrant le maximum de services et des ventes de produits non pétroliers. Les stations autoroutières représentent des investissements très onéreux, elles appartiennent en majorité aux grands groupes pétroliers et constituent le fleuron de leur système de distribution. Elles rendent alors des services de proximité en vendant des produits quotidiens dans de véritables mini-supermarchés. A l'opposé de la distribution des grandes surfaces, où les clients seront attirés par des prix discount, la distribution par des réseaux autoroutiers implique des prix sensiblement plus élevés. En Europe aujourd'hui, les marges de profit des stations autoroutières se partagent, en gros, pour moitié entre les ventes de carburant et les ventes d'autres produits ou services. Par comparaison avec les transports aériens, la distribution en grandes surfaces correspond au transport par charters, alors que la distribution autoroutière correspond au transport en première classe !

La notion de service est depuis longtemps ancrée dans la tradition des compagnies pétrolières.

Les stations-service de nos jours.

La saga des grandes sociétés pétrolières et gazières

L'huile de pierre a fait la fortune de certaines familles américaines : les Rockefeller (Esso, devenue Exxon), les Mellon (Gulf Oil)...

C'est en effet aux Etats-Unis que l'industrie pétrolière prit son essor. Mais le rôle du pétrole dans la deuxième révolution industrielle s'imposa aussi aux Européens. De grandes familles de banquiers et d'hommes d'affaires, tels les Rothschild ou les Nobel, vont aussi jouer un rôle clé dans le développement de l'industrie pétrolière. La contagion est en grande partie due à l'évolution des transports : l'essor de l'automobile et de l'aviation, en particulier, s'appuie sur la disponibilité en carburants liquides de qualité et bon marché. Cette extraordinaire source d'énergie ne présente apparemment qu'un inconvénient : les lieux de production sont souvent très éloignés des lieux de consommation.
De plus, ces lieux de production ne sont pas toujours hospitaliers, tant par leurs conditions géographiques que climatiques ou politiques.

Evolution de la marque de la Standard Oil à Esso

Un géant américain pour une industrie américaine

Après le succès du "Colonel Drake" en 1859, nombre d'Américains se lancent à la recherche d'huile de pierre. John D. Rockefeller va ordonner cette industrie pétrolière naissante puis la dominer.

Gaz et pétrole inondant le monde.

Caricature de John D. Rockefeller au sommet de sa gloire.

Trop de pouvoir tue le pouvoir

Rockefeller, sévère protestant de Cleveland (Ohio), ouvre sa première raffinerie dans sa ville natale en 1863. En 1870, il rebaptise sa société Standard Oil Company : elle fournit des produits de qualité élevée, et surtout constante, d'où le terme de "standard". L'abréviation du nom de la compagnie, S.O., donnera le groupe Esso, encore connu sous ce nom dans quelques pays dont la France, mais devenu Exxon en Amérique.

Rockefeller abaisse les coûts à toutes les étapes "aval" de la chaîne du pétrole en jouant sur les effets de taille et de monopoles régionaux. Mais il évite de prendre des risques dans "l'amont" de cette chaîne, c'est-à-dire dans les activités plus aléatoires d'exploration et de production. Pour la Standard Oil, il s'agit d'abord de transporter ses produits à moindre coût. Rockefeller se livre à un véritable chantage auprès des compagnies de chemins de fer pour obtenir des rabais. Puis, ayant rassemblé la majorité des raffineurs américains sous sa houlette, il étrangle les producteurs en faisant pression sur les prix d'achat à la sortie des champs pétroliers. Pour contrôler le commerce des produits pétroliers, il met en place un réseau de revendeurs, mais aussi un système d'espionnage de ses concurrents. De même, il accule à la faillite la première entreprise de pipelines pour mieux se l'approprier. Une gestion tatillonne et une politique de bas salaires complètent ces méthodes parfois discutables. Obtenant le pétrole à un prix plus bas que ses concurrents, la Standard Oil les lamine. Rockefeller atteint son but : en 1882, avec près de quarante sociétés sous sa coupe, il règne en maître incontesté sur l'industrie pétrolière américaine. Sa société s'implantera aussi en Amérique latine, en Chine, en Europe… Ce quasi-monopole finit par irriter le gouvernement américain : dès 1890, celui-ci lui oppose le *Sherman Antitrust Act*, et en 1911, un procès le contraint à démanteler son empire.

Parmi les 34 sociétés issues de la holding Standard Oil of New Jersey, plusieurs connaîtront un brillant avenir en tant que "majors", dont le groupe Mobil. En 2002, celui-ci fusionne avec Exxon pour créer l'incontestable n°1 mondial, le Groupe Exxon-Mobil. Rockefeller tient sa revanche posthume !

Les Wildcatters, beaucoup d'appelés et peu d'élus

Au XIXème siècle, les wildcatters *sont de jeunes hommes qui courtisent la fortune en auscultant la terre. Leur méthode est alors bien peu scientifique : ils jettent leur chapeau en l'air et forent là où il est retombé ! Ces puits portent le nom de* wild cats, *chats sauvages : les lieux de forage n'étaient généralement occupés auparavant que par la faune locale, que les Mellon en herbe se dépêchaient d'exterminer. Une plateforme italienne a été baptisée Gato Salvatico en hommage à ces explorateurs. Ils constituent de petites entreprises individuelles, nombreuses et anarchiques. Ce sont les start-up de l'époque : elles attirent des capitaux prêts à s'investir dans une activité à haut risque. L'exploration pétrolière conserve, aujourd'hui encore, cet aspect risqué de casino où les heureux gagnants pourront faire fortune.*

La concurrence européenne

la compagnie anglo-hollandaise au coquillage

Ludwig et Robert Nobel, frères du fameux Alfred (inventeur de la dynamite et fondateur des "prix Nobel"), s'intéressent dès 1872 au pétrole de Bakou (en Azerbaïdjan, en bordure de la Caspienne). Pionniers, ils conçoivent le premier tanker destiné à voguer sur la mer Caspienne, envisagent de relier Bakou à Batoum (sur la mer Noire) pour y transporter le pétrole par le train. Le problème de l'évacuation des hydrocarbures des alentours de la Caspienne se posait déjà : ces régions sont à nouveau des enjeux pétroliers et géopolitiques majeurs aujourd'hui… *(voir chapitre 11)*.
A cette occasion, les Rothschild s'impliquent dans le jeu pétrolier de la Caspienne et du Caucase. Ils s'associent avec Marcus Samuel, un marchand et transporteur de coquillages provenant d'Extrême-Orient, en particulier de l'actuelle Indonésie. Cette association se concrétise par la naissance en 1897 de la Shell Transport and Trading Company Limited.
A cette époque, l'archipel indonésien est sous la domination des Pays-Bas. Les découvertes de Sumatra dès 1885 suscitent la création de la compagnie Royal Dutch. La Royal Dutch et la Shell Transport and Trading unissent leurs forces : en 1907, elle se fondent en un seul groupe, la Royal Dutch Shell, (actuel n° 2 mondial des compagnies pétrolières internationales) qui leur permet de résister à la Standard Oil. En effet, dès 1894, la Standard Oil avait commencé à s'implanter par tous les moyens en Orient. Par exemple, elle a inondé la Chine de lampes à pétrole distribuées gratuitement pour susciter la consommation de pétrole lampant !

BP, du Chah d'Iran à "Beyond Petroleum"

Les gouvernements européens ne sont pas restés aveugles face à l'importance économique stratégique du pétrole. Ainsi, sous l'influence de son très jeune Lord de l'Amirauté, Winston Churchill, la marine britannique choisit dès 1911 de brûler dans ses vaisseaux du fioul lourd au lieu du traditionnel charbon. Mais les Anglais, comme les autres Européens, se croient dépourvus de ressources pétrolières sur leur territoire. Qu'à cela ne tienne : ils entrent comme actionnaire majoritaire dans l'Anglo-Persian, compagnie qui se propose d'exploiter les ressources de la Perse - actuel Iran. C'est sous l'impulsion du Chah de Perse que naît en 1909 l'Anglo-Persian Oil.
L'insuffisance des ressources de la compagnie face à l'ampleur de la tâche - l'exploration pétrolière de l'actuel Iran - l'amène à chercher des partenaires. Churchill, voyant là l'occasion de garantir l'approvisionnement du Royaume et de la Royal Navy, fait participer l'Amirauté britannique au capital de la société à hauteur de 51%. L'Anglo-Persian Oil devient British Petroleum ou BP, actuel n° 3 mondial des compagnies pétrolières internationales.
Récemment cette société a fait remarquer que ses initiales signifiaient aussi "Beyond Petroleum", marquant par là son intérêt pour l'avenir à long terme de toutes les formes d'énergie !

Stades d'évolution des marques SHELL et BP

Le règne des "7 sœurs"

Qui étaient les "sept sœurs" ou majors ?

- Standard Oil of New Jersey, devenue Esso puis Exxon
- Standard Oil of New York, devenue Mobil
- Standard Oil of California, devenue Chevron
- Gulf, disparue depuis 1984, rachetée par Standard Oil of California
- Texaco, aujourd'hui fusionnée avec Chevron
- Royal Dutch Shell
- British Petroleum

Ces "sept sœurs" avaient accepté dans leur club une société française, la Compagnie Française des Pétroles (CFP), ancêtre de Total. Elle sera parfois surnommée "la huitième des sept sœurs". Parmi les sept majors, deux sont européennes et cinq américaines. Deux de ces compagnies sont adossées à d'importants gisements situés au Texas. Cela leur a permis de résister à l'époque à la boulimie de la Standard Oil. Il s'agit de Gulf et Texaco.
Le poids de ces compagnies est tel qu'elles peuvent en pratique contrôler les règles du jeu dans l'industrie pétrolière mondiale. Dès 1928, un accord de coopération liera ces grands groupes pétroliers. Aux alentours de 1930, les "7 sœurs" contrôlent la production de 85% du pétrole mondial, constituant ainsi une forme de cartel.

Une demande croissante

Durant la période où règne Rockefeller, le prix du pétrole brut se stabilise à un niveau très bas. Voilà donc une ressource d'énergie concentrée et facile d'usage, au coût modéré et prévisible : il n'en faut pas plus pour que la consommation s'emballe. D'autant plus que de nouveaux besoins, liés à l'évolution des transports, se font jour. Le développement de l'automobile est parallèle à celui du pétrole : Carl Benz fait breveter une automobile à pétrole en 1886, Henri Ford produit en série la Ford T à partir de 1908. L'aviation se développe. La pétrochimie apparaît. Les autres sources d'énergie sont progressivement détrônées. La consommation américaine, accrue par la facilité d'approvisionnement, est largement en tête au plan mondial. En 1930, quand la France consomme 5 millions de tonnes de produits pétroliers et le Japon 2 millions de tonnes, les Etats-Unis en consomment déjà 130 millions de tonnes !

Un approvisionnement extérieur aux frontières nationales

En l'absence de ressources propres, les Européens vont rechercher du pétrole hors d'Europe. Ainsi, après la Première Guerre mondiale, l'Allemagne se voit chassée de sa zone d'influence moyen-orientale, l'ancien empire ottoman. Ainsi, la Deutsche Bank avait participé à la fondation de la Turkish Petroleum Company en 1910 : après la Première Guerre mondiale, ses parts échoient à la France. Celle-ci peut créer en 1924 la Compagnie Française des Pétroles, future Total (la compagnie prendra le nom de sa marque de distribution). Celle-ci détient ainsi dès sa naissance une participation au sein de ce qui deviendra le consortium de l'Irak Petroleum Company (IPC).
Elle s'y trouve alliée à Shell, Mobil, BP, Esso… et à "Monsieur 5%", Calouste Gulbenkian.

1928 : la ligne rouge et les coqs de bruyère

Le montant des investissements nécessaires et donc les risques financiers, la taille des chantiers de développement et des infrastructures de transport, font que les sociétés pétrolières sont condamnées à travailler ensemble pour répartir les risques et diminuer les coûts de production. Mais ceci n'empêche pas qu'elles soient souvent concurrentes, et même dans une compétition féroce. Les relations des "7 sœurs" sont exemplaires de cette ambiguïté de relations de "concurrence-association". Calouste Gulbenkian avait résumé ce paradoxe en disant que les pétroliers étaient comme les chats : "quand ils crient, on ne sait pas s'ils se battent ou s'ils font l'amour".

L'accord de la ligne rouge

L'ex-empire ottoman devient le terrain de compétition entre les acteurs majeurs du monde pétrolier entre la première et la seconde guerre mondiale. La découverte du gisement de Kirkouk en 1927 donne à l'IPC sa dimension industrielle et valorise l'ensemble de cette vaste région pétrolière.
La concurrence entre les différents acteurs, particulièrement entre Anglais et Américains, mais aussi entre Anglais et Français, suscite des tensions. C'est souvent à "Monsieur 5%" qu'on recourt pour leur apaisement : ainsi, il définit au crayon rouge sur une carte une zone correspondant en gros à l'ancien empire ottoman, à l'intérieur de laquelle les majors s'engagent à coopérer. Cet accord dit de la "ligne rouge" tiendra jusqu'en 1948 !

La chasse aux coqs de bruyère et l'accord d'Achnacarry

Mais cette compétition au sein du monde pétrolier a pour limite l'intérêt bien compris de chacun. Ainsi, dans l'entre-deux-guerres, le cours du pétrole brut s'effondre du fait d'une production anarchique et excessive aux Etats-Unis liée aux grandes découvertes du Texas. Comme les Américains consomment alors la moitié du pétrole mondial, le monde s'enrhume lorsqu'ils toussent... Aussi en 1928, au lendemain de la découverte du gisement de Kirkouk, les dirigeants des principales entreprises pétrolières vont-ils se réunir dans un château écossais pour chasser le coq de bruyère, et surtout réfléchir de concert au moyen de prévenir les crises. Ils élaborent des règles du jeu portant sur la régulation des capacités de production via les politiques d'investissement et la régulation des prix via les politiques de production. Des prix de référence des produits pétroliers sont fixés, fondés sur les prix américains. Cet accord vient concrétiser l'existence d'un cartel du pétrole dit des "Sept Sœurs".

Calouste Gulbenkian, "Monsieur 5%"

C'est sous l'égide de cet Arménien, né dans l'empire ottoman mais aussi ambassadeur de Perse en France, que l'exploitation pétrolière du Moyen-Orient se développe dans l'entre-deux-guerres. Né en 1869 à Istanbul dans une famille de commerçants aisés, il y fréquente une école française et parachève ses études d'ingénieur au King's College de Londres - il obtiendra la nationalité britannique. Dès l'âge de 22 ans, il est remarqué par le gouvernement ottoman pour la relation de son voyage aux environs de Bakou, où il a la prémonition de l'importance future du pétrole. Dès lors, investi du rôle de conseiller financier auprès des ambassades perse et ottomane, il participe à tous les grands évènements liés à l'industrie pétrolière, les organisant parfois. Ainsi, il parraine la naissance de la Turkish Petroleum Company en 1910 (exploration des ressources pétrolières de la Mésopotamie, futur Irak). Il parvient à y faire cohabiter les intérêts britanniques, turcs et allemands.
Après la Première Guerre mondiale, c'est sous son égide que les parts de la Deutsche Bank dans la TPC sont transférées à la France. C'est lui également qui mène les négociations entre la TPC et le nouveau gouvernement irakien, ainsi que l'entrée des Américains dans le consortium IPC (Irak Petroleum Compagny). On lui doit d'avoir réconcilié tous ces acteurs férocement concurrents par le fameux accord de la ligne rouge en 1928.
Il réclame 5% du capital en paiement de ses services, d'où son surnom de "Monsieur 5%".
S'étant ainsi assuré une fortune colossale, il l'abrite pendant la Seconde Guerre mondiale en pays neutre, au Portugal, où il mourra en 1955. Ce pays héritera de ses merveilleuses collections d'art et de la Fondation Gulbenkian, destinée à promouvoir l'éducation, la science, la santé.
Les effets de la fortune et de la générosité des Gulbenkian se font toujours sentir aujourd'hui, à Londres, à Paris, à Jérusalem, à Lisbonne, à Istanbul et en Arménie, sous forme d'hôpitaux, de bibliothèques et de musées.

Les règles du jeu ont-elles vraiment changé depuis 1945 ?

La Deuxième Guerre mondiale confirmera l'importance vitale du pétrole dans les sociétés industrialisées et dans les guerres modernes. Elle révélera aussi aux pays producteurs qu'ils détiennent un véritable pouvoir économique, aux implications politiques majeures.

Nouvelles règles, nouveaux acteurs

A qui appartient le pétrole ?

Partout sauf aux Etats-Unis, le sous-sol appartient aux Etats. Son exploitation constitue souvent la source principale de revenus pour les pays producteurs. Ces revenus peuvent résulter d'un partage des bénéfices avec la compagnie pétrolière, par un impôt sur les bénéfices, ou d'autres formes, comme le prélèvement de taxes (royalties, bonus). Dans le jargon des économistes, cela s'appelle le partage de la rente pétrolière. L'attribution de droits à l'exploitation des ressources naturelles est donc rapidement perçue comme une forme majeure de la souveraineté des Etats. Ils peuvent nationaliser les sociétés étrangères et créer des compagnies nationales pour conduire eux-mêmes la recherche et la production des hydrocarbures.

Les sociétés nationales des pays consommateurs

Certains pays industrialisés vont les premiers se doter de sociétés nationales pour ne pas se trouver sous la domination des majors étrangers. La première initiative en ce sens est celle de la Grande-Bretagne, avec la création dès avant la Première Guerre mondiale de la British Petroleum (BP), société contrôlée par l'Etat britannique via l'Amirauté, et qui deviendra rapidement elle-même un "major" international.
En France, la CFP, créée dès 1924 et devenue Total, est elle aussi une société mixte associant des capitaux d'Etat et des capitaux privés, comme BP en Grande-Bretagne.
Après la Seconde Guerre mondiale, l'Etat français développe des sociétés nationales : ainsi, durant les années 1950, le gisement de gaz naturel de Lacq est découvert par la Société Nationale des Pétroles d'Aquitaine (SNPA). Parallèlement, d'autres sociétés destinées à renforcer les capacités de prospection et de recherche françaises sont mises en place, en particulier pour la prospection au Sahara algérien, alors sous souveraineté française.
De leur fusion naît Elf en 1967, qui se marie à la société des pétroles d'Aquitaine en 1976 : c'est la naissance du groupe Elf Aquitaine ou SNEA (Société Nationale Elf Aquitaine). Le souci de l'autonomie énergétique au lendemain de la Seconde Guerre mondiale est partagé par d'autres pays européens. C'est ainsi qu'apparaissent Deminex en Allemagne, Hispanoil en Espagne. Mais le cas le plus célèbre est celui de l'Italie : Enrico Mattei, un chef de la résistance italienne pendant la Deuxième Guerre mondiale, va s'appuyer sur AGIP (Azienda Generali Italiana Petroli), l'entreprise nationale de raffinage, pour monter l'ENI (Ente Nazionale Idrocarburi) en 1953. Les gisements de gaz naturel de la plaine du Pô vont financer le développement international de l'ENI.

Autonomie énergétique, technologie et linguistique

En 1944 est fondé l'Institut Français du Pétrole (IFP), organisme de recherche scientifique et technique, et organisme d'enseignement grâce à l'Ecole des Pétroles et des Moteurs (ENSPM ou IFP School).
Cette institution permet à la France de disposer d'une certaine indépendance technologique, et même d'exporter nombre de technologies.
Ainsi, en 2000, l'IFP se situe au deuxième rang mondial pour la vente de licences sur les procédés de raffinage et de pétrochimie. L'IFP a aussi créé plusieurs entreprises parapétrolières aujourd'hui mondialement réputées (Technip-Coflexip).
Quant à l' "IFP School", elle attire plus de 50% d'étudiants étrangers et nombre d'enseignements y sont prodigués en langue anglaise.
L'anglais est en effet depuis longtemps la langue de travail des pétroliers !

Le partage de la rente : La règle des 50/50

Dans les années 1920, la production d'hydrocarbures du Venezuela prend son essor sous l'égide d'un consortium de majors. Les capacités du Venezuela sont importantes : c'est alors le deuxième producteur d'Amérique latine après le Mexique. En 1948, lors du renouvellement des accords, les conditions changent : le consortium accepte un partage 50/50 du bénéfice de l'exploitation pétrolière via un impôt sur le revenu des compagnies productrices.
Cette pratique se répand, améliorant le partage de la rente pétrolière au profit des Etats producteurs, comme c'est le cas en Libye, en Algérie puis en Iran dans les années 1960-1970. La politique des pays producteurs vise également à pérenniser la rente en tentant de contrôler les volumes produits annuellement pour faire monter les prix, mais aussi pour assurer une plus longue durée de production et une meilleure exploitation des gisements.

Les nationalisations dans les pays producteurs

A l'issue de la seconde guerre mondiale, dans un contexte de décolonisation et d'émergence du Tiers-Monde, les pays producteurs veulent récupérer la maîtrise de leurs ressources. Le Mexique avait montré l'exemple dès 1938. Les majors l'avaient propulsé deuxième producteur mondial dans les années 1930, mais les frictions allaient croissant entre le Mexique révolutionnaire et les compagnies "yankees". L'Etat était chez lui : il nationalisa et créa la société d'Etat Petroleos Mexicanos ou PEMEX, pour prendre le relais des majors. Aujourd'hui encore, PEMEX reste en situation de monopole pour l'exploration et la production au Mexique. De même, l'Iran connaît un changement de régime accompagnée d'une première nationalisation de l'industrie pétrolière en 1953. Un boycott des pays occidentaux conduit à l'échec politique de cette nationalisation un consortium international de compagnies pétrolières vient prendre en main l'exploitation d'une large partie du sous-sol iranien en partenariat avec la nouvelle société nationale iranienne, la NIOC ou National Iranian Oil Company. Ce consortium sera lui-même expulsé d'Iran peu après le départ forcé de l'ancien chef d'Etat iranien, le Chah, lorsque l'imam Khomeiny établit un nouveau pouvoir à Téhéran en 1979.
L'Inde, quant à elle, nationalise son industrie pétrolière dès 1958. C'est aussi en 1958 que le Général Kassem prend le pouvoir en Irak. Dès 1961, l'Irak Petroleum Company est dépouillée de toutes ses concessions encore non productives, et elle est remplacée en 1962 dans ces zones par une nouvelle société nationale, l'INOC ou l'Irak National Oil Company. En 1975, le Koweit, le Qatar et l'Arabie Saoudite nationalisent leur industrie pétrolière ; l'année suivante, c'est le tour du Venezuela... Le pétrole n'est plus seulement un enjeu économique, c'est aussi un symbole politique.
En fait, cette vague de nationalisations au lendemain du choc pétrolier de 1973 trouve ses racines historiques dans le début des années 1960. A cette époque, les pays producteurs ne se contentent pas de prendre leur autonomie : ils s'organisent entre eux. L'OPEP ou Organisation des Pays Exportateurs de Pétrole (OPEC en anglais) s'impose sur la scène internationale. Les pétroliers sont forcés d'accepter des participations croissantes des Etats et de leurs compagnies nationales dans les association d'exploration ou de production. Le poids des Etats et des sociétés nationales devient progressivement prédominant dans le jeu pétrolier de l'exploration et de la production.

Public / privé, national / international : le retour du balancier

L'écroulement du bloc socialiste au début des années 1990 symbolise la faillite des systèmes étatiques. Les compagnies d'Etat souffrent en effet de certains handicaps : elles sont souvent en position de monopole, ce qui risque de générer une moindre efficacité, et elles peuvent voir leur politique définie selon des critères non purement économiques.

Par ailleurs, certains souffrent de moins bonnes conditions d'accès aux ressources des marchés financiers que les sociétés privées. En effet, leurs bénéfices sont fréquemment soumis à de fortes ponctions des Etats quand ceux-ci viennent à manquer d'argent. Ceci ne facilite pas la mise en œuvre des stratégies à long terme nécessaires à l'industrie pétrolière dont les projets sont de plus en plus gigantesques. Les sociétés privées, quant à elles, ont souvent une longueur d'avance en matière de techniques de gestion, de maîtrise des technologies et d'efficacité dans la conduite des opérations. Aussi les entreprises nationales vont-elles progressivement s'ouvrir au capital privé, même étranger : c'est le cas en France, avec la privatisation progressive de Elf et Total, mais aussi en Italie, en Argentine, en Russie même. Dans les pays producteurs traditionnels, ceux de l'OPEP, les opérateurs privés sont mieux accueillis. En Algérie, qui joue un rôle de leader dans cette stratégie de réouverture, pas moins de 45 partenariats sont établis avec des entreprises privées. Ces accords ont débouché sur la découverte d'importants gisements. De même, la Libye, le Venezuela, et même l'Iran réouvrent leurs portes aux sociétés pétrolières internationales.

En même temps, les activités des compagnies nationales des pays producteurs vont elles-même déborder leurs frontières. Pour mieux garantir leurs débouchés, elles cherchent à entrer dans le capital de leurs clients américains ou européens. C'est ainsi que KPC, société nationale koweïtienne, Oil Invest pour la Libye ou PDVSA pour le Venezuela acquièrent des parts dans des entreprises de raffinage ou de distribution de produits pétroliers en Europe et aux Etats-Unis. Enfin elles se lancent à leur tour dans l'exploration au plan international.

Les majors : un nouveau paysage

A partir des années 1990, les majors connaissent un double mouvement de restructuration et de diversification. Les restructurations consistent en une série de mariages entre majors : aux Etats-Unis, Exxon et Mobil s'unissent pour créer Exxon-Mobil, Chevron et Texaco pour créer Chevron-Texaco. BP acquiert successivement Amoco puis Arco, rassemblant trois compagnies sous sa seule marque. En France, Total absorbe d'abord la société belge Fina, puis fusionne avec sa propre sœur française Elf. Ces fusions, plus ou moins amicales, sont à l'origine des 6 plus grands groupes pétroliers privés mondiaux. Elles procèdent de choix stratégiques, comme d'augmenter la cohérence et l'importance de leurs actifs, permettant de se prémunir contre les temps de vaches maigres (périodes où le prix du pétrole est bas) et de réaliser des économies d'échelle.

Parallèlement, les compagnies pétrolières internationales diversifient leurs activités énergétiques, tant pour assurer des débouchés à leurs produits pétroliers et gaziers que pour anticiper l'avenir en élargissant leurs domaines d'activité énergétiques. Ainsi, toutes les majors se sont ouvert des entrées sur le marché de l'électricité, qui absorbe une partie de leur production de gaz. Elles n'hésitent pas à s'éloigner de leurs métiers traditionnels : Shell est à la pointe du combat pour les énergies renouvelables, BP Solar est le n°2 mondial des panneaux solaires, tandis que Total détient une participation symbolique dans Areva, groupe leader en France des technologies nucléaires et développe également des activités dans le solaire, l'éolien, ou les biocarburants.

Classement multicritères (réserves, productions, raffinage, etc...) des 20 plus grandes compagnies pétrolières en 2002

1 - **Saudi Aramco** (N) (Arabie Saoudite)

2 - **Exxon-Mobil** (P)

3 - **PDVSA** (Venezuela) (N)

4 - **NIOC** (Iran) (N)

5 - **Shell** (P)

6 - **BP** (P)

7 - **Pemex** (Mexique) (N)

8 - **Chevron Texaco** (P)

9 - **Total** (P)

10 - **Petrochina** (Chine) (N)

11 - **Sonatrach** (Algérie) (N)

12 - **KPC** (Koweït) (N)

13 - **Conocophillips** (P)

14 - **Pertamina** (Indonésie) (N)

15 - **Petrobras** (Brésil) (N)

16 - **Adnoc** (Abu Dhabi) (N)

17 - **ENI** (P)

18 - **Repsol YFP** (P)

19 - **INOC** (Irak) (N)

20 - **NNPC** (Nigéria) (N)

(N) Compagnies nationales (12 sur les 20) **(P) Sociétés privées (8 sur les 20)**

Source : PIW (*Petroleum Intelligence Weekly*)

Les 4 "Supermajors" des pétroliers internationaux

1 EXXON-MOBIL

Valeur boursière au 1.1.2003
240 G$*
Personnel
100 000**

ORIGINE

- Privée (Rockefeller)
- Seule Supermajor créée à partir de "l'aval" (raffinage et transports)

2 SHELL

Valeur boursière au 1.1.2003
160 G$*
Personnel
90 000**

ORIGINE

- Privée
- Créée à partir des découvertes de Sumatra (Nord Indonésie)

3 BP

Valeur boursière au 1.1.2003
150 G$*
Personnel
115 000**

ORIGINE

- Initiative publique
- Créée à partir des découvertes de Perse (Iran)

4 TOTAL

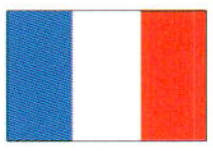

Valeur boursière au 1.1.2003
95 G$*
Personnel
120 000**

ORIGINE

- Initiative publique
- Créée à partir des découvertes d'Irak (Kirkouk)

(*) = G$ = 10^9 US Dollars
(**) = Le nombre d'emplois varie largement en fonction de l'importance et de la nature des activités chimiques.

Le pétrole et le gaz : aspects économiques

Yaourts, voitures, coupe de cheveux ou ligne téléphonique sont fournis par des producteurs de biens et de services, qui ne peuvent se développer que grâce aux marges bénéficiaires qu'ils arrivent à dégager. Ces marges constituent la différence entre leurs recettes - ou prix de vente - et leurs coûts - ou prix de revient. Dans la plupart des industries, cet écart est de l'ordre de quelques pour cents (disons 5 à 20%). Le principe est le même pour l'énergie sous toutes ses formes, en particulier pour le pétrole et le gaz.

Mais, dans le cas des hydrocarbures, les coûts et les prix obéissent à des logiques très différentes. En matière de pétrole et de gaz, les marges bénéficiaires sont très variables au cours du temps, car il n'y a pas de lien direct entre coûts et prix : les prix ne sont pas ici calculés par rapport aux coûts, mais ils sont à la fois déterminés par le jeu du marché mondial et soumis à une régulation politique.

On verra donc comment se constituent les coûts et les prix dans l'industrie pétrolière et gazière.

Les coûts des chaînes pétrolières ou gazières : vue d'ensemble

Une évaluation en coûts unitaires

On se souvient *(voir chapitre 6)* que les grands projets pétroliers ou gaziers se chiffrent en milliards de dollars et atteignent couramment le prix d'une ligne de TGV ou celui d'un porte-avions ! De ce fait, seules des sociétés très puissantes pourront prendre la responsabilité technique et financière de tels projets. Et encore, pour limiter leurs risques, tendent-elles à s'associer dès que les projets deviennent importants. Mais on ne peut véritablement juger du coût du pétrole que si on considère les coûts unitaires des chaînes pétrolières et gazières (coûts par unité de pétrole ou de gaz produits). En effet, les marges sont des notions qui n'ont de sens que rapportées à l'unité de production, le baril (159 litres) ou la tonne pour le pétrole, le mètre cube ou la BTU (*british thermal unit*) : unité d'énergie des gaziers pour le gaz naturel.

Les tableaux (a) et (b) ci-après tentent de donner une image de ces coûts unitaires et des rentes pétrolières ou gazières qui leur correspondent, dans le cas de bons gisements situés au Moyen-Orient. Dans les cas moins favorables, les coûts augmentent et les marges ou rentes diminuent… jusqu'à devenir nulles pour les gisements les plus âgés, devenus moins productifs et plus onéreux à produire : ces derniers sont alors voués à la fermeture et à l'abandon. Chaque année de nombreux gisements, généralement de petite taille, sont ainsi abandonnés, ayant atteint la fin de leur vie économique.

Qu'est-ce qu'un baril ?

Le "baril" est une unité liée aux premières découvertes de pétrole aux Etats-Unis (1859). Il fallait transporter le pétrole des premiers puits de Pennsylvanie aux premières raffineries. On utilisa pour cela des charrettes à chevaux, qu'on chargeait de tonneaux en bois ou barils, remplis du fameux pétrole. De 1859 à 1861, deux types de barils furent utilisés : barils à whisky et à bière de 36 gallons, et barils à mélasse ou à harengs de 42 gallons (159 litres). Dès 1861, c'est le baril à harengs de 42 gallons qui s'imposa, après un premier transport par bateau de 4 000 barils… Le premier tanker était né ! L'abréviation "bbl" pour le baril reste un peu mystérieuse : il semblerait que cette abréviation se réfère aux "blue barrels". Cette couleur permettait de reconnaître les barils de pétrole brut des barils de produits raffinés. Selon d'autres sources, le bleu était la couleur dont étaient peints les barils de brut "propriété de la Standard Oil". Quoi qu'il en soit, il est amusant de noter que cette unité, utilisée depuis plus d'un siècle dans le monde entier par les pétroliers, n'a jamais eu le statut d'unité légale, même au Texas !

Tableau (a)

	Coûts unitaires d'un bon gisement de pétrole au Moyen-Orient	En $ / baril
1	Coût unitaire d'exploration	négligeable
2	Coût unitaire de production	3,00 $
3	Coût d'expédition et de chargement	0,50 $
4	Prix de revient hors taxe free on board (à la production) : 1+ 2 +3	3,50 $
5	Coût du transport par tanker Moyen-Orient vers l'Europe	1,50 $
6	Prix de revient hors taxe CIF par baril : 4 +5	5,00 $
7	Prix de vente en Europe par baril (ordre de grandeur 1999-2003)	20 à 30 $
8	Marge ou rente minière par baril (ordre de grandeur : 90% pour le pays-producteur)	15 à 25 $

Dans les cas les plus favorables (bon gisement au Moyen-Orient) les marges ou rentes minières représentent 3 à 5 fois les prix de revient, soit des marges bien plus importantes que celles de la plupart des industries. On comprend alors toute l'intensité des luttes pour se partager ces marges (entre pays producteurs et sociétés pétrolières), ou pour leur répartition et utilisation dans les pays producteurs eux-mêmes. C'est l'importance de ces marges qui justifie l'existence presque partout dans le monde de fiscalités propres aux contrats pétroliers (voir : les contrats pétroliers). Ces rentes minières sont élevées dans les grands gisements du Moyen-Orient, mais dans nombre d'autres pays elles sont beaucoup plus faibles.

Les contrats pétroliers : comment ça marche ?

L'objet principal des contrats pétroliers est de régler le partage de la rente, c'est-à-dire des bénéfices tirés de la production des hydrocarbures, entre les trois parties prenantes que sont :

- l'Etat où se situe la production
- les propriétaires des droits miniers (généralement l'Etat, sauf aux Etats-Unis : propriétaires privés)
- les investisseurs qui financent l'exploration et la mise en production des découvertes.

Ce partage a connu deux grandes phases historiques. De 1860 à 1960 environ, les contrats pétroliers répartirent la rente comme suit :

- royalties pour le propriétaire des droits miniers (généralement $1/8^{\text{ème}}$, soit 12,5%) : cette redevance vient dédommager le propriétaire du sous-sol pour la production des ressources dont il est propriétaire
- impôts sur les bénéfices (25 à 40% selon les Etats)
- bénéfices après versement des royalties et après impôts alloués aux investisseurs.

Une nouvelle forme de partage, et donc de contrat pétrolier, apparaît en 1967, sous l'impulsion de l'Indonésie : les contrats de partage de production. Ces contrats sont utilisés dans de nombreux pays. L'investisseur étranger a droit à un pourcentage de la production qui lui assure le remboursement de ses investissements (*cost oil*) et une marge bénéficiaire (*profit oil*).

D'autres types de contrats, plus rares, peuvent être signalés :

- les contrats de service, avec ou sans intéressement des investisseurs aux résultats économiques
- les contrats de *buy back* : actuellement propres à l'Iran, dans lesquels le partenaire étranger finance la totalité des investissements et est rémunéré dans des conditions prévues au contrat et indépendantes du prix du brut.

Aucun type de contrat n'est a priori meilleur qu'un autre : ils sont plus ou moins bien adaptés au problème posé (exploration, production, récupération assistée). Mais en jouant sur les paramètres, on peut obtenir les mêmes résultats économiques pour les investisseurs avec n'importe quel type de contrat.

Tableau (b)

	Coûts unitaires d'un bon gisement de gaz au Moyen-Orient (Hors taxe)	En $ / MBTU	En $ / bep*
1	Coût unitaire d'exploration	négligeable	négligeable
2	Coût unitaire de production et expédition à la côte	0,50	3,00
3	Coût de liquéfaction	1,00	6,00
4	Prix de revient FOB hors taxes du GNL (1 + 2 + 3)	1,50	9,00
5	Coût de transport par méthanier	1,50	9,00
6	Prix de revient hors taxes CIF (Japon, Corée, Chine) (1 + 2 + 3 + 4)	3,00	18,00
7	prix de vente du GNL en Asie (ordre de grandeur 1999-2003)	4 à 6	24 à 36
8	Marge ou rente minière	1 à 3	6 à 18

* $ / bep : dollar par baril équivalent pétrole, unité permettant les comparaisons avec le tableau (a) relatif au cas du pétrole brut.

Les coûts unitaires étant beaucoup plus élevés pour la "chaîne gaz" que pour la "chaîne pétrole", les marges unitaires y sont nettement plus faibles. Ainsi, alors que ces marges, dans le cas d'un bon gisement de brut au Moyen-Orient représentaient 3 à 5 fois le coût, ces marges varient entre le tiers et 100% des coûts hors taxe dans le cas d'une chaîne gazière comparable (bon gisement de gaz situé au Moyen-Orient).

En comparant ces deux tableaux, on comprend pourquoi les chaînes gazières internationales de type GNL ne se sont développées que plusieurs dizaines d'années après les chaînes pétrolières internationales, et pourquoi, durant si longtemps, il y eut de gros volumes de gaz associés brulés à la torche. En effet les "marges gaz" étaient inexistantes ou négatives dans les grandes zones exportatrices de pétrole (cas du Moyen-Orient jusqu'au début des années 1970).
En fait le "boom" du GNL au plan mondial a largement été rendu possible par la forte hausse des prix du pétrole liée au choc pétrolier de 1973.
On voit là un aspect positif de ce choc : il a rendu possible la valorisation de matières premières, les gaz associés, auparavant brûlés en pure perte (*voir plus loin : les prix du pétrole et du gaz*), car leur récupération économique n'était pas possible.

Progrès technologique et baisse des coûts

Les marges économiques dégagées par la production de pétrole et de gaz sont affectées à la fois par les variations de prix et de coûts. Les variations des coûts sont fortement liées aux progrès des techniques. Ainsi, entre 1990 et 2003, alors que les prix du brut variaient entre 20 et 30 $/baril, les coûts ou prix de revient unitaires des majors pétroliers ont baissé de près de moitié en quinze ans (*voir tableau*). Ces baisses de prix de revient sont liées aux progrès technologiques et en particulier :
- aux progrès de la sismique pour l'exploration
- aux progrès des techniques de forage (forages déviés et horizontaux)
- aux progrès des techniques de production.

Evolution du prix de revient moyen hors taxe des grandes compagnies internationales :

1986	12 $/bbl
1995	8,5 $/bbl
2000	7,5 $/bbl

Dans la réalité, les prix de revient (pour les compagnies) et les marges (pour les pays producteurs) sont très variables.
Les coûts unitaires des chaînes gazières ont de même baissé de près de moitié au cours des vingt dernières années.

Les coûts et les marges des différents maillons des chaînes pétrolières et gazières

Observées en détail, les variations de marges - et donc de bénéfices - obéissent à des logiques différentes pour chaque maillon des chaînes des activités pétrolières et gazières.

Production de pétrole au Gabon.

L'économie de l'exploration

Le secteur de l'exploration est celui où les risques de perte sont les plus élevés : seul un puits d'exploration sur trois trouve du pétrole ou du gaz, ou même un puits sur cinq si on définit de façon stricte la pure exploration, par opposition à la recherche d'extensions de gisements déjà découverts (dite délinéation). Ces risques élevés sont contrebalancés par la possibilité de gains élevés. Les performances des équipes chargées de mener à bien des activités d'exploration vont donc se juger à leur "taux de succès". Dans ces fonctions, le résultat prime, et les spécialistes imaginatifs (géologues, géophysiciens) jouent un rôle déterminant. Les métiers du pétrole dominés par une logique maîtrise des coûts (raffinage, distribution) sont toujours un peu envieux du monde des explorateurs et producteurs où l'on dépense sans trop compter pourvu que le succès soit au rendez-vous ! En moyenne, les coûts d'exploration rapportés au baril découvert sont de l'ordre de 1 à 2 $ par baril, soit une petite fraction du prix du brut (20 à 30 $ par baril de 1990 à 2003).

L'économie de la production

Les coûts de production sont plus élevés (2 à 10 $ le baril). Dans 90% des cas, c'est parce que la mise en production des gisements demande des investissements très importants, cinq à dix fois plus importants que ceux de l'exploration.
Les coûts de production varient beaucoup avec la productivité des puits, c'est-à-dire leurs débits unitaires. Les coûts unitaires de production varient aussi avec la durée de vie des gisements et leurs profils de production. En particulier, le plateau de pro-

duction des gisements, c'est-à-dire la période durant laquelle ils produisent à leur débit maximum, est très variable : ces plateaux durent d'une année à plusieurs dizaines d'années selon les cas.

L'économie des transports, entre production et raffinage

Ces coûts sont eux aussi très variables, selon que les champs pétroliers ou gaziers sont plus ou moins éloignés des lieux de raffinage pour le pétrole ou de valorisation pour le gaz. Un pays producteur peut accroître la valeur ajoutée de sa production pétrolière en raffinant celle-ci sur place. Mais en contrepartie, si les marchés sont éloignés, les coûts de transport sont plus élevés, car il est sensiblement plus coûteux de transporter des produits pétroliers que du pétrole brut. C'est donc un choix stratégique que de déterminer quelle proportion de sa production un pays producteur souhaite raffiner lui-même.

Les caractéristiques économiques du raffinage

C'est une industrie lourde. Elle nécessite de gros investissements, réalisés sur de vastes sites industriels de plusieurs dizaines d'hectares, fortement reliés au monde extérieur pour la réception des pétroles bruts, l'expédition des produits finis, avec de gros besoins en électricité et en eau. Les raffineries constituent donc de grandes plateformes industrielles à très longue durée de vie, cinquante ans ou plus, comme les barrages hydroélectriques ou les centrales nucléaires.

Au total, et malgré l'importance des investissements et des frais fixes, le raffinage procure une valeur ajoutée relativement modeste par rapport aux prix des pétroles bruts et par rapport aux coûts de distribution des produits après leur sortie des raffineries.

Rentabilité d'une raffinerie

La rentabilité d'une raffinerie repose sur trois facteurs essentiels : le taux de marche des installations, la minimisation des coûts, la bonne valorisation de la totalité des produits.

On l'a vu, le raffinage est une industrie fortement capitalistique, c'est-à-dire nécessitant des capitaux importants. La rentabilité des industries très capitalistiques est fortement liée au taux d'utilisation des installations, de même que l'économie des transports aériens est très liée aux taux de remplissage des avions. Il en résulte que les raffineurs sont tentés d'accroître les productions au maximum, malgré les risques de baisse des prix des produits si les marchés sont saturés.

D'un point de vue économique, l'industrie du raffinage se différencie de la production pétrolière en ce qu'elle assure sa rentabilité grâce à la différence entre les prix des produits qui sortent des raffineries et le coût des pétroles bruts qui y entrent : c'est ce que l'on appelle la marge de raffinage. Lorsque la matière première est onéreuse comparée à la valeur ajoutée, et c'est le cas du raffinage, minimiser les coûts d'exploitation est une des clés de la compétitivité.

De même, il faudra que le raffineur fasse constamment la chasse au gaspillage, que ce soient les pertes énergétiques ou le gaspillage des produits. Le raffineur ne peut tolérer l'existence de rebuts de produits, et toutes les fractions du pétrole brut doivent être valorisées. Si, pour le charcutier, "dans le cochon, tout est bon", du museau aux pieds, pour le raffineur, dans le pétrole, des fractions gazeuses aux fractions les plus lourdes, tout doit être utilisé.

La raffinerie de Port Arthur, au Texas.

Des produits aux prix aléatoires

Une raffinerie, c'est presque l'inverse d'une usine de fabrication d'automobiles : celle-ci part d'une multitude de pièces ou composants qu'elle assemble, alors que le raffineur part d'un produit unique – le pétrole brut – à partir duquel il fabrique une multitude de produits. Une raffinerie produit souvent plusieurs centaines de produits, mais ceux-ci n'ont pas tous la même importance. C'est pourquoi on distingue classiquement les grands produits (essence, gazole, fiouls), et les autres produits ou spécialités, qui sont très nombreux, mais dont les tonnages sont beaucoup plus faibles (solvants, lubrifiants, produits spéciaux).
Le constructeur d'automobiles peut connaître les coûts ou prix de revient de chaque modèle en additionnant les coûts des multiples composants qu'il assemble. A l'inverse, le raffineur fabriquant une multitude de produits liés n'a pas la possibilité d'établir des prix de revient indépendants pour chacun de ces produits. Il peut en avoir une idée théorique par des modèles mathématiques, mais le prix des différents produits ne sera pas fixé par rapport à leurs coûts moyens. Ces prix seront fixés par les marchés de chacun des produits, qui assurent en permanence l'équilibre entre l'offre et la demande. Par exemple, la demande de fioul ou de carburant varie avec la croissance économique ou avec la météorologie. Les ingénieurs-raffineurs doivent donc être de bons techniciens, mais aussi de bons économistes !

L'économie des transports jusqu'aux consommateurs

Dans l'économie des moyens de transports (par canalisation, par bateaux, par voie ferrée ou par camions), la notion de facteurs d'échelle est majeure : plus on transporte des petites quantités et plus les coûts unitaires de transport sont élevés, tant pour les produits pétroliers que pour le gaz. Au total les coûts de distribution constituent une part élevée de la chaîne des coûts entre les producteurs et les consommateurs.
Mais cette caractéristique n'est pas propre aux hydrocarbures. On la retrouve dans la plupart des produits que nous achetons au marché, chez l'épicier ou au supermarché, des fruits frais aux bouteilles de Coca-Cola. Aussi, pour la commercialisation des produits pétroliers par des réseaux de points de vente, les spécialistes de la distribution sont-ils de redoutables concurrents des sociétés pétrolières : la minimisation des coûts de logistique (transport et stockage) et de distribution est au cœur de leur métier et de leurs compétences.
Cependant, ces compétences en matière de gestion de points de vente ne leur donnent pas d'avantage particulier lorsqu'il s'agit de commercialisation où la livraison se fait directement chez les clients ou consommateurs.
C'est le cas pour la livraison aux consommateurs par camions de GPL ou de fiouls, de vente de jet-fuel sur les aéroports, ou de ventes de gaz naturel qui se font par canalisations jusqu'aux compteurs des acheteurs. Les pétroliers et gaziers gardent alors un avantage spécifique.

Avitaillement moderne.

Les prix dans l'industrie pétrolière et gazière

Dans toutes les industries les prix sont liés aux écarts entre l'offre et la demande. Le cas du pétrole et du gaz échappe en partie à cette logique générale.

Les prix du pétrole et du gaz ne résultent pas exclusivement de la compétition économique entre producteurs. Ce sont des prix régulés, contrôlés à l'origine par les sociétés pétrolières internationales (jusqu'au choc pétrolier de 1973), puis par les pays producteurs eux-mêmes. Depuis 1974, l'OPEP tente de réguler ainsi les marchés des bruts par un système de quotas venant limiter les productions de ses membres afin d'obtenir des prix plus élevés. Indirectement cette régulation affecte les prix du gaz, ceux-ci étant liés à ceux du pétrole. Il résulte de cette régulation par les producteurs d'importantes conséquences économiques et politiques (*voir chapitre 11*).
L'OPEP régule donc des prix qui obéissent cependant aussi à une logique de marché. En effet, si les coûts ou prix de revient sont propres à chacun des champs de pétrole ou de gaz, les prix sont fixés par les marchés – les plus connus pour le pétrole étant ceux de Londres et de New-York. Ces prix sont uniques pour une qualité de pétrole à une date donnée. Cette notion de prix unique et bien défini à une date donnée correspond aux marchés journaliers ou cotations journalières pour les pétroles bruts, dits "marchés spots" *(voir les prix du pétrole : quelles références ?)*.
En fait, pour le pétrole comme pour les autres matières premières, il existe aussi des marchés à terme, donc des prix pour des livraisons futures à 3 mois,

6 mois, 1 an… De tels marchés à terme existent aussi pour le gaz, depuis longtemps déjà aux Etats-Unis et depuis quelques années en Europe.

Les prix du pétrole : Quelles références ?

Lorsqu'on parle de prix du pétrole brut, on se réfère à des qualités standard : le Brent en Europe (nom d'un gisement en mer du Nord), le WTI (West Texas Intermediate) aux USA, le Dubaï pour le Moyen-Orient.

Les prix de tous les autres pétroles bruts dérivent des prix de ces bruts "marqueurs" de référence en tenant compte de certains différentiels de qualité (densité, teneurs en soufre, etc).

Pour simplifier, nous dirons que le terme "prix du brut" représente le prix du Brent, brut de référence de la mer du Nord qui sert de base à la cotation de tous les pétroles importés en Europe.

Les prix du pétrole : A quel endroit ? Quelles taxes ?

Les prix pourront être définis soit au départ des pays producteurs exportateurs (prix FOB), soit à l'arrivée dans les pays consommateurs importateurs (prix CIF). Les marchés internationaux et donc les cotations des bruts de référence correspondent à des pétroles pour lesquels ont été payés les impôts perçus par les pays producteurs.

Une fois importés dans les pays consommateurs, les pétroles bruts seront raffinés pour donner des produits pétroliers (essences, gazole, fiouls, etc…).

Ces produits pétroliers pourront également être directement importés de pays producteurs ou de raffineries étrangères. Tout comme les pétroles bruts, les produits pétroliers ont leurs prix fixés sur des marchés spots et des marchés à terme. En Europe, le principal marché de produits pétroliers est celui de Rotterdam.

Quelle que soit leur origine, les produits pétroliers vont subir un deuxième prélèvement fiscal, celui des pays consommateurs.

Ce second prélèvement est souvent plus important que celui des pays producteurs : c'est en particulier le cas dans tous les pays de l'Union Européenne.

Les débats autour des prix et de la fiscalité du pétrole et des produits pétroliers sont souvent passionnels, car les enjeux en sont majeurs pour toutes les parties prenantes : les gouvernement des pays producteurs, les sociétés pétrolières nationales ou internationales, les gouvernements des pays consommateurs et les consommateurs eux-mêmes, pour qui les dépenses de carburant ou de chauffage représentent une part importante de leurs budgets.

Les prix du pétrole, des régulateurs économiques

Les prix du pétrole jouent un rôle majeur de régulateur économique.

Ils ont tout d'abord en effet un impact direct sur la croissance économique des diverses catégories de pays. Leur hausse ralentit la croissance économique au plan mondial, et donc la croissance de la demande de produits pétroliers. Ils ont aussi un effet de régulation à l'intérieur de l'industrie pétrolière elle-même : plus les prix seront élevés et plus les marges à la production seront élevées, attirant les investissements dans ce secteur.

Les prix du pétrole seront donc au cœur des équilibres économiques non seulement de l'industrie pétrolière elle-même, mais de l'ensemble des systèmes économiques. *(voir chapitre 12)*.

Composition des prix du brut FOB et CIF :

Prix du brut FOB (*Free On Board*) = Coût technique (ou prix de revient) + impôts des pays producteurs + marge des sociétés productrices (sociétés nationales ou internationales, privées ou étatiques)

Prix du brut CIF (*Cost, Insurance, Freight*) = Prix du brut FOB + transport des pays producteurs aux pays consommateurs

Comment mesurer l'évolution du prix du pétrole ?

Les analyses sur le long terme de la variation des prix du pétrole sont souvent obscurcies par un problème technique : avec quelle unité mesure-t-on ces prix ? En effet, si historiquement les prix du pétrole ont été exprimés en dollars par baril - ceux des produits en $/tonne et ceux du gaz en $/MBTU, millions de BTU - le dollar lui-même n'est pas une unité fixe. Comme toutes les monnaies, son pouvoir d'achat s'affaiblit au cours du temps par le jeu de l'inflation. Un dollar de l'an 2000 vaut moins qu'un dollar de l'an 1990, qui vaut lui-même moins qu'un dollar de l'an 1980...
Ainsi, quand on parlera "prix du brut" sur une longue période, il est essentiel de préciser si on raisonne en "prix nominaux" (ou dollars courants) ou en "prix réels" (dollars constants). Les premiers (prix nominaux) sont des réalités historiques indiscutables, mais les seconds (prix en monnaie constante) donnent une vue plus exacte des réalités économiques. Les variations du prix du brut en valeurs nominales et en valeurs réelles sont représentées dans le graphique ci-après.

Evolution du prix du brut

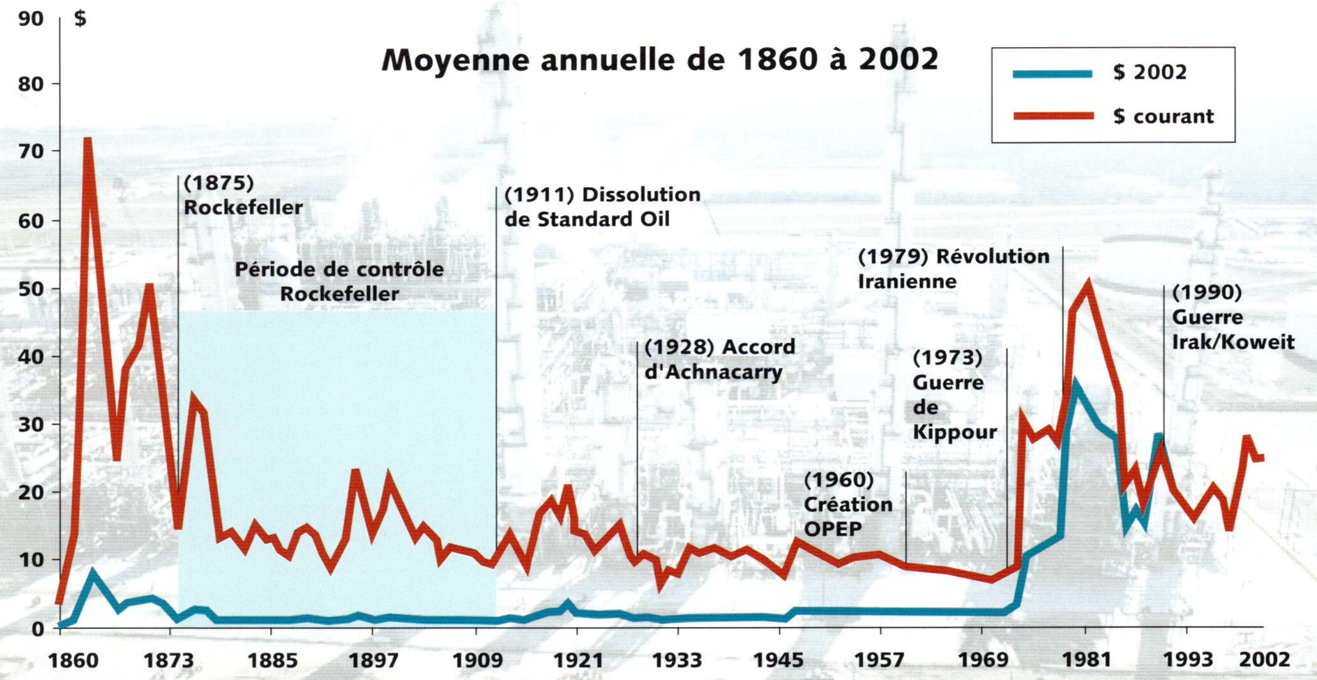

1861-1944 : moyenne USA, 1945-1985 : Arabe Léger posté à Ras Tanura, 1986-2002 : Brent spot

Le prix du pétrole (prix en $ courants ou en $ constants)

Pour comparer le prix d'un baril de pétrole exprimé en $/bbl aujourd'hui et un prix du même baril de pétrole il y a 10 ou 20 ans, il faudrait tenir compte des variations de la valeur du dollar US au cours de ces 10 ou 20 ans. Or on devrait tenir compte à la fois de l'érosion de la valeur du $ aux Etats-Unis et des changements de sa valeur par rapport aux autres monnaies (érosion relative ou accroissement du pouvoir d'achat du $ en Europe ou au Japon par exemple). Les économistes ont donc mis au point des méthodes permettant de calculer des prix en "$ réels" ou "$ constants" par opposition aux "$ nominaux" ou "$ courants". Les chiffres ci-après montrent que ces deux modes de comptabilisation donnent des résultats très différents :

	Prix du brut		Variation de prix en % par rapport à 1970	
	en $ nominaux ou courants	en $ réels 1973 ou constants	en $ nominaux ou courants	en $ réels 1973 ou constants
1970	1,70	2,40	-	-
1980	28,60	13,30	1682 %	554 %
1990	22, 30	6,40	1312 %	266 %
2000	27,60	7,80	1623 %	325 %

Les prix du pétrole : le tournant de 1973

Après un siècle de prix presque inchangés, on voit d'après le graphique ci-dessus, en dollars constants les chocs pétroliers de 1973 puis de 1979 correspondent à un véritable tournant historique en matière de prix du pétrole.

Les bas prix du pétrole de la période 1880-1970 ont largement contribué au remarquable développement de l'économie mondiale et du commerce international sur cette période. Le changement de niveau des prix pétroliers après 1973 s'est traduit par deux phénomènes essentiels :

- Il a contribué au ralentissement de la croissance économique mondiale (en particulier par rapport à la période 1950-1970)
- Il a permis de rééquilibrer le système pétrolier mondial en réduisant fortement la croissance des consommations pétrolières (croissances en gros de 6 à 7% par an de 1950 à 1973 et de 1 à 2% par an de 1973 à 2003).

Ce rééquilibrage était nécessaire, car le rythme de croissance très fort des consommations et donc des productions de pétrole de 1950 à 1973 n'aurait pas été soutenable sur le long terme.

Les prix des produits pétroliers

On a vu que les prix des pétroles bruts étaient d'autant plus élevés que ces pétroles étaient plus légers. Les prix des produits pétroliers classiques, produits en grandes quantités, varient en gros dans un rapport de un à trois à la sortie des raffineries, des plus lourds (fiouls lourds) aux plus légers (essences).

Si, en moyenne, de 1998 à 2003, le brut de référence (Brent) a valu 22 $/bbl soit environ 150 $/tonne, les prix des grands produits sur le marché international ont été d'environ :

- 100 $/tonne pour les fiouls lourds et soufrés
- 200 $/tonne pour le gazole
- 250 $/tonne pour les essences.

Dans la réalité, les prix de chacun de ces produits sont fixés sur des marchés ou bourses de produits, comme les prix des bruts.

Ces prix de marchés au jour le jour ou prix spots des produits vont donc varier de façon à établir en permanence l'équilibre entre l'offre et la demande sur les marchés de gros des produits (principalement Rotterdam, Londres, New York et Singapour). Comme pour le brut, il y a également des marchés à terme pour les produits pétroliers.

Par rapport aux prix moyens évoqués ci-avant, les variations peuvent être importantes : les marchés des produits pétroliers sont encore plus volatils que ceux des bruts puisqu'ils doivent ajuster en permanence des demandes variant avec la météorologie et les conditions économiques du moment.

La fiscalité des produits pétroliers

Avant d'être livrés aux consommateurs finaux, les produits pétroliers achetés ou vendus sur les marchés de gros subissent, dans chaque pays, les taxes à la consommation des pays où ils sont consommés. Cette fiscalité applicable aux produits finis est complexe, et très variable suivant les pays.

Dans certains pays, et en particulier les pays producteurs de pétrole, elle est très faible et même parfois négative, c'est-à-dire que ces pays subventionnent des produits pétroliers ! C'est le cas actuellement en Iran, au Nigeria, en Indonésie... C'est là une façon de faire profiter l'ensemble de la population de la "rente pétrolière". Cette pratique n'est cependant pas sans risque : elle pousse aux excès de consommation et rend les politiques d'économie d'énergie inefficaces.

Dans d'autres pays, généralement les pays consommateurs développés, elle peut être au contraire très élevée et représenter l'essentiel du prix payé par le consommateur final. La taxation dans les pays consommateurs européens équivaut à deux ou trois fois celle prélevée par les pays producteurs. Mais là aussi les situations sont très variées. En Europe (Union Européenne), les taxes sur les produits pétroliers sont très élevées et constituent une part essentielle des recettes fiscales des Etats – elles y représentent 15 à 20% des budgets nationaux. Elles sont par contre beaucoup plus faibles aux Etats-Unis.

Part des taxes dans le prix d'un litre d'essence à la pompe entre 2000 et 2003

aux Etats-Unis	1/4 du prix
en Europe	3/4 du prix

On comprend pourquoi les Européens ont des voitures en moyenne plus petites et consommant nettement moins que celles des Américains !

Les carburants automobiles sont en effet les produits pétroliers qui supportent les taxes les plus fortes (voir schéma du prix du litre d'essence en page suivante). Sur l'ensemble des produits raffinés, les niveaux moyens de taxation en Europe seraient plus faibles, de l'ordre de 50 à 55% des prix moyens des produits vendus aux consommateurs, ce qui reste considérable.

S5001

Exemple de la "chaîne des coûts" pour les carburants automobiles en Europe, des champs à la pompe

(Ordre de grandeur 2000-2003 - France/Allemagne/UK)

Composition du coût moyen des produits raffinés en Europe (2000-2003)

Coût de production pays producteur + transport en Europe + profit des sociétés pétrolières de production	5 à 10%
Taxation des pays producteurs	15 à 20%
Coûts de raffinage et distribution + profit des sociétés de raffinage et distribution	20 à 25%
Taxation des pays européens	50 à 55%

Y a-t-il un niveau "équitable" de taxation des produits pétroliers ?

La notion de niveau "équitable" ou "souhaitable" des taxes perçues par les Etats consommateurs peut donner lieu à des points de vue très différents *(voir chapitre 11)* :

- pour les pays producteurs, les taxes prélevées par les pays consommateurs sont ressenties comme illégitimes ou en tout cas comme très excessives.
- pour les pays consommateurs, ces taxes seraient en principe la contrepartie légitime des coûts engendrés par l'automobile : infrastructures routières à développer puis à entretenir, coût humain des accidents pour la collectivité ou de la pollution.
- pour les mouvements écologistes, ces taxes sont encore nettement insuffisantes, puisqu'elles n'arrivent pas à endiguer la croissance des parcs automobiles ni à influencer nos comportements pour réduire nos consommations de carburants, comme cela serait souhaitable.

Pour le gaz naturel, produit unique mais en compétition avec une variété d'autres sources d'énergies (des GPL au fioul domestique ou même au fioul lourd sans oublier l'électricité), l'objectif des Etats est d'avoir une fiscalité neutre, venant le moins possible perturber la compétition économique entre le gaz et ses concurrents.

Le poids économique du pétrole et du gaz

Au plan mondial, on peut tenter de mesurer cette importance de deux façons : quelle part de la richesse mondiale (calculée comme le PNB du monde), et quelle part du commerce mondial représente cette activité.

Pour un pays donné, les méthodes les plus habituellement retenues sont la part dans le PNB du pays, la part dans les exportations (ou les importations) de ce pays et la contribution aux ressources fiscales ou au budget du pays.

On voit que la part du pétrole dans le commerce mondial est revenue au même niveau qu'avant le choc pétrolier de 1973. Ceci traduit deux phénomènes :

Poids du pétrole dans le commerce mondial

En milliard de $	1972	1991	2001
Total commerce mondial	400	2000	6000
Commerce pétrolier mondial	30	350	450
Part du commerce pétrolier	7,5%	18%	7,5%

- la relative décroissance du prix du pétrole au cours des années 1990
- la croissance très forte du commerce mondial toutes catégories (6 à 7% par an) face à une croissance faible des productions et du commerce pétrolier mondial (1 à 2% par an) ces quinze dernières années.

Pour les grands pays importateurs (Europe, Japon, USA), ces évolutions indiquent la décroissance de la part des importations d'hydrocarbures rapportée à leur PNB. En Europe et au Japon par exemple, celle-ci est passée de 5 ou 6% au début des années 1980 à 1 ou 2% au début des années 2000. Dans le total du commerce pétrolier mondial, l'OPEP, qui fournit environ le tiers de la production mondiale au début des années 2000, soit environ 25 Mb/j (millions de barils par jour) sur 75 Mb/j, représente près de la moitié du commerce pétrolier mondial, qui est d'environ 50 millions de barils par jour. Dans cette même période (début des années 2000), environ les deux tiers de la production mondiale de pétrole brut (50 Mb/j sur une production totale de 75 Mb/j) font donc l'objet d'un commerce international, alors que pour le gaz naturel, cette part n'est que d'environ 20%. Le gaz étant environ 5 fois plus cher à transporter que le pétrole, on a développé son utilisation d'abord sur le plan local, dans de grands marchés régionaux (Etats-Unis, Russie, Europe) et son commerce à très longue distance reste encore beaucoup moins développé que celui du pétrole.

Poids du pétrole pour l'économie des pays producteurs

Les pays consommateurs ont le sentiment d'être dépendants du pétrole et donc des pays producteurs. Mais le plus souvent les pays producteurs sont eux-mêmes beaucoup plus dépendants… de leur propre pétrole !

Pour les consommateurs le mot "indépendance" se traduit par la diversification des sources d'importation et des types d'énergie employées. Pour les pays producteurs, le mot "indépendance" signifie le développement d'autres sources de revenus que le pétrole. En effet, pour les pays producteurs, les hydrocarbures représentent une part importante de leur produit national brut (10 à 20% pour les principaux pays de l'OPEP), mais surtout la part dominante des ressources fiscales venant alimenter leur budget (80 à plus de 90% dans la plupart des pays de l'OPEP) et la part dominante de leurs exportations (là aussi de 80 à 90% pour les principaux pays de l'OPEP). Ces chiffres illustrent à quel point les grands pays producteurs sont dépendants de leurs revenus pétroliers, et donc à quel point la dépendance est mutuelle entre pays producteurs et pays consommateurs.

Le pétrole a bouleversé les villes du Moyen-Orient.

Le pétrole, le gaz et les transports

La locomotive thermo-électrique de J.J. Heillmann construite en 1892

Des jambes et des bras à la fée Electricité

Pendant plusieurs milliers d'années, les hommes n'ont pu se transporter ou transporter des objets que sur terre et sur l'eau. Sur terre, ils ont utilisé leur force musculaire pour la marche ou la course, ou celle des animaux (chevaux, bœufs…). Sur l'eau, ils ont aussi utilisé leur force musculaire (les rameurs des galères), et surtout l'énergie éolienne, qui gonfle les voiles. Cette situation est restée pratiquement inchangée jusqu'au milieu du XIXème siècle où apparaît la ma-chine à vapeur, outil énergétique de la première révolution industrielle.

Les machines à vapeur, alimentées au bois puis au charbon, ont été à l'origine de l'industrie des chemins de fer, mais aussi des premiers véhicules automobiles et des premiers tracteurs pour l'agriculture. Avec la révolution des transports terrestres, la machine à vapeur change en profondeur les économies et les modes de pensée en reliant massivement les hommes entre eux. Elle bouleverse aussi les transports fluviaux et maritimes : la marine à vapeur remplacera la marine à voiles, libérant les hommes des caprices du vent. Mais un nouveau vecteur énergétique apparaît vers la fin du XIXème siècle : l'électricité.

L'électricité permet d'utiliser à distance l'énergie des chutes d'eau, naturelles ou artificielles (barrages), à la différence des "moulins hydrauliques" qui existaient dès l'Antiquité, mais dont l'énergie devait être utilisée sur place. Elle pénètre à son tour dans le secteur des transports : trains et lignes de métro se sont révélés faciles à électrifier. En revanche, les voitures électriques ne sont jusqu'ici pas arrivées à se développer à grande échelle, faute d'un moyen efficace et bon marché pour stocker l'électricité en grande quantité. Malgré des efforts continus, on utilise encore largement les mêmes batteries au plomb qu'au début de XXème siècle.

La seconde révolution industrielle : pétrole, automobile et aviation

A la fin du XIXème siècle, entre 1880 et 1900, la première révolution industrielle basée sur l'utilisation du charbon a déjà transformé le monde. Les chemins de fer se sont développés dans presque tous les pays et la marine à vapeur a définitivement détrôné la voile. C'est à cette époque que se situe le début de la seconde phase de la révolution industrielle, avec le développement des moteurs à explosion ou moteurs à combustion interne.

Il existe deux grands types de moteurs à explosion : les moteurs à essence et les moteurs diesel. Ces nouveaux moteurs, qui utilisent essentiellement des carburants provenant du pétrole - essence ou gazole - vont révolutionner les transports terrestres et permettre la naissance d'une nouvelle industrie : l'aviation. Automobile et aviation ouvrent "l'ère du pétrole" : ce sera la seconde phase de la révolution industrielle.

Entre 1880 et 1920, les précurseurs de ces deux industries (automobile et aviation) font preuve d'une remarquable inventivité, essayant tous les modes possibles de propulsion et de sources d'énergies pour mouvoir les voitures, les camions, les navires et les premiers avions. De cette concurrence émerge une solution technico-économique qui domine totalement le secteur des transports terrestres et maritimes jusqu'à nos jours : c'est le couple constitué par les carburants pétroliers et le moteur à explosion.

Les premiers avions de transport. Un Aviatik le jour d'une tentative de record de vol avec 6 passagers à bord, en 1912.

Faciles d'emploi, relativement peu polluants et peu dangereux à utiliser, d'un prix de revient peu élevé du fait de leur très grande compacité énergétique (quantité d'énergie par unité de volume ou par unité de poids), les carburants pétroliers sont une véritable merveille chimique et énergétique. Quant aux moteurs à explosion, peu auraient parié au début du XXème siècle sur leur succès durable : ils apparaissaient compliqués et presque contre nature, puisqu'ils partent d'un mouvement alternatif (celui des pistons dans les cylindres) pour le transformer en mouvement de rotation continue (celui du moteur puis des roues des véhicules sur les routes). Leur adaptabilité et leur robustesse ont durablement établi leur domination sur les transports automobiles, même si de nombreux autres types de moteurs ont été expérimentés : moteurs à air chaud à combustion externe (moteurs Stirling), moteurs à pistons rotatifs (moteurs Wankel), turbines.

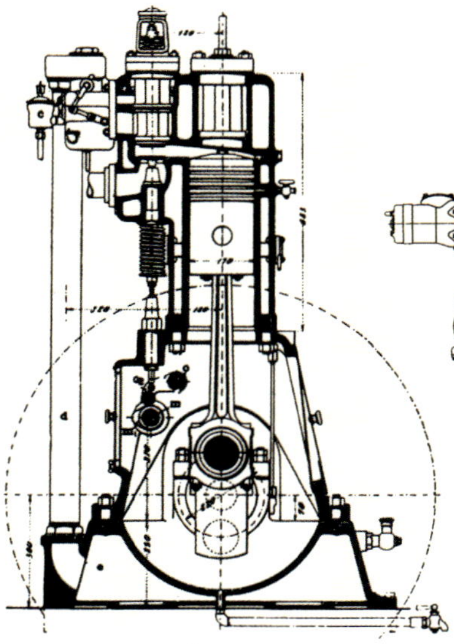

Moteur vertical

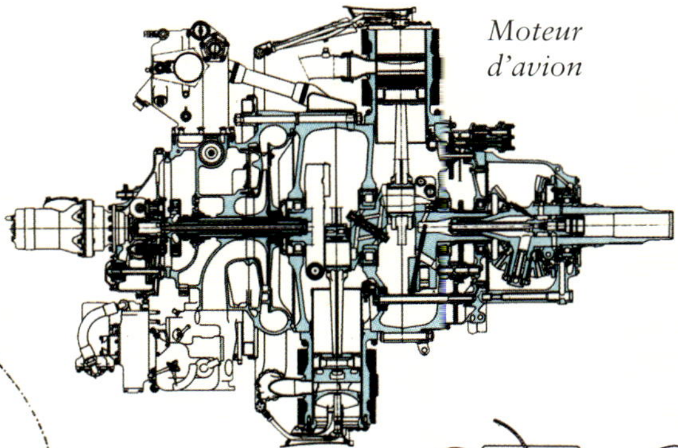

Moteur d'avion

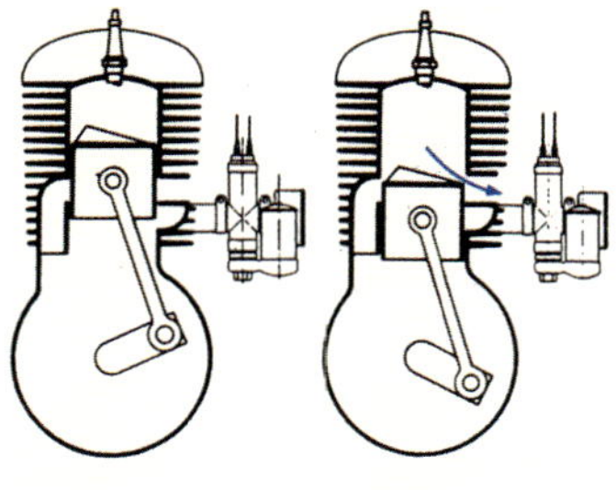

Moteur 2 temps

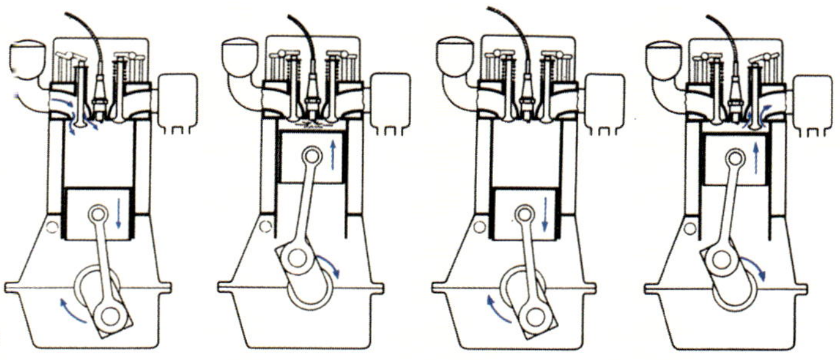

Moteur 4 temps

L'automobile : énergies d'hier et de demain

Hydrogène	1805	Le premier moteur à explosion fonctionnait à l'hydrogène d'Isaac de Rivaz (Suisse)
Charbon	1892	Le premier moteur Diesel fonctionnait au charbon pulvérisé Brevet de Rudolf Diesel (Allemand)
Electricité	1899	La première voiture à dépasser les 100 km/h était électrique : la "*Jamais contente*" de Camille Jenatzy (Français)
Biocarburants	1903	Le record mondial de vitesse était atteint par une Godron-Brillié à éthanol agricole - 177 km/h (Français)

Le moteur à explosion

1805 :	Premier brevet de moteur à explosion
1861 :	Premier brevet de moteur à quatre temps
1890 (environ) :	Premières productions "en série"

Comment ça marche ?

Un carburant mélangé à de l'air est introduit dans un cylindre. Ce mélange est enflammé - il "explose" - grâce à un allumage électrique (moteur à essence) ou par la très forte température résultant de la compression (moteur Diesel). Cette explosion (énergie chimique) repousse un piston qui glisse dans le cylindre, et le mouvement de ce piston actionne un système qui transmet cette énergie (énergie mécanique) à un axe.

Des caractéristiques spécifiques

Les moteurs à explosion peuvent n'avoir qu'un seul cylindre (motocyclettes légères), mais aussi jusqu'à plusieurs dizaines de cylindres (gros moteurs Diesel pour navires). Ils peuvent aussi avoir différents types de cycles, dont les plus usuels sont les moteurs dits à deux temps et à quatre temps. Pour une même puissance, les consommations sont environ 20% plus faibles pour les moteurs Diesel que pour les moteurs à essence. Et les consommations des voitures usuelles sont très différentes de celles des véhicules extrêmes que constituent les voitures de course ou les prototypes ultra-économiques !

Voitures de tourisme	Puissance	Consommation
Petite voiture	*de l'ordre* de 50 à 70 CV	5 à 6 litres aux 100 km
Grosse voiture	*de l'ordre* de 150 à 200 CV	8 à 12 litres aux 100 km

Les consommations extrêmes : un rapport de 1 à 1 000 !

Voiture de Formule 1 : consommation de l'ordre de 100 litres aux 100 km

Voiture prototype pour records de distance au litre de carburant (Shell eco-marathon). Plus de 1 000 km avec un litre d'essence, souvent moins de 0,1 litre aux 100 km (record absolu : 3 000 km avec 1 litre de carburant)

Moteurs à essence et moteurs Diesel

Les moteurs à combustion interne relèvent de deux familles, qui se distinguent par le mode d'allumage du mélange carburant + air, et par des types de carburants spécifiques.

les moteurs à allumage commandé ou moteurs à essence

- L'allumage du mélange carburant + air a lieu grâce à l'étincelle électrique produite par une "bougie" électrique.
- Les carburants utilisés sont des essences. Leur caractéristique principale est leur résistance au phénomène d'auto-allumage, ou résistance à la pression et à la température régnant dans le cylindre. Cette résistance se mesure par l'indice d'octane.

Indice d'octane et essence sans plomb

L'isoctane (paraffine à huit atomes de carbone) a par définition un indice égal à 100. Il existe deux échelles d'indices d'octane, indiquées sur les pompes des stations-services. Plus une voiture a un moteur performant et plus il est recommandé d'utiliser une essence à haut indice d'octane. Jusque vers 1990-1995 en Europe, on augmentait l'indice d'octane par un additif contenant du plomb. Comme le plomb est un poison des catalyseurs de traitement des gaz d'échappement, les essences "plombées" ont disparu dans la majorité des pays.

Les moteurs à auto-allumage ou moteurs Diesel

- Dans ces moteurs, c'est la pression et la température régnant dans le cylindre qui assurent l'allumage spontané (sans bougie électrique) du mélange carburant + air.
- Les carburants utilisés sont dits carburants gazole ou Diesel (du nom de l'ingénieur allemand qui en fut l'inventeur en 1892 de ce type de moteurs).

Ces moteurs furent d'abord utilisés essentiellement pour de gros moteurs (navires, camions) mais peu pour les voitures particulières. On leur reprochait d'être plus bruyants, plus polluants et moins "nerveux" que les moteurs à essence. Ces vingt dernières années, les petits moteurs Diesel ont considérablement corrigé leurs défauts. Ils consomment environ 20% de moins en moyenne que les moteurs à essence de même puissance, et leur carburant est moins cher au litre. Aussi les voitures Diesel connaissent-elles un grand succès : en Europe, elles représentent environ la moitié des nouvelles voitures.

La voiture et le carburant

Les pollutions spécifiques aux moteurs Diesel vont pouvoir continuer d'être diminuées grâce aux "pots d'échappement catalytiques". Mais ceux-ci ne fonctionnent correctement que si les gazoles contiennent très peu de soufre… cet exemple montre le lien très étroit entre l'évolution de l'industrie automobile et l'industrie du raffinage. Les biologistes verraient là une "co-évolution" ou symbiose comme il en existe de multiples exemples dans la nature.

Malcolm Campbell, coureur automobile écossais a battu les records mondiaux de vitesse automobile en 1923 à 219 km/h, puis en 1935 à 483 km/h

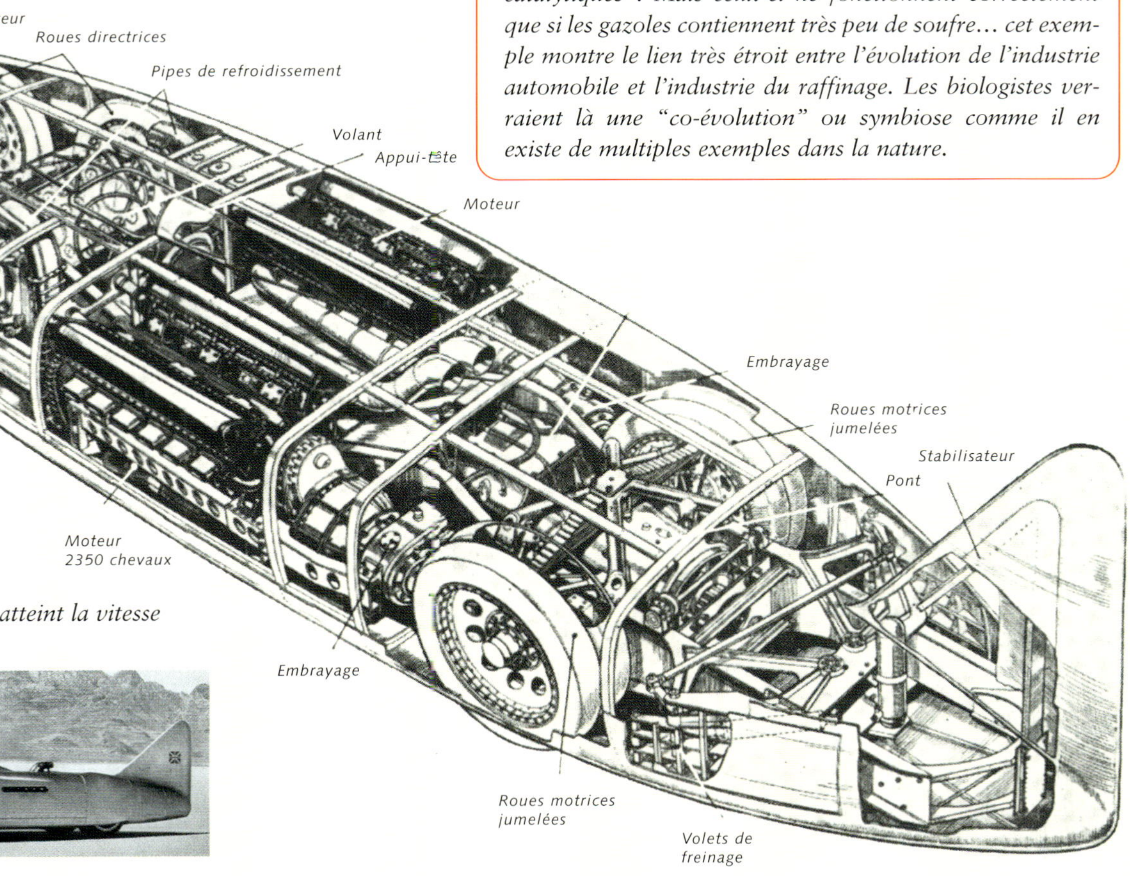

En 1935 la Bluebird a atteint la vitesse de 483 Km/h.

1

2

3

4

5

Des laboratoires automobiles aux concept cars aux voitures de série...

1. Laboratoire Renault

2. Be Bop de Renault

3. Tuareg de Peugeot

4. Firebird concept car des années 1950

5. Concept car de la Citroën C3.

Aviation : des moteurs et des carburants spécifiques

Dans le secteur des transports aériens, cependant, les turbines et les turboréacteurs ont détrôné les moteurs à explosion. Cette révolution technique propre à l'aviation eut lieu en Allemagne pendant la seconde guerre mondiale (chasseurs-bombardiers Messerchmitt 262). Après la seconde guerre mondiale, cette solution s'impose progressivement : elle s'est généralisée dans les transports aériens et l'aviation militaire. En pratique, le moteur à explosion n'est plus utilisé que dans l'aviation légère de loisirs.

L'aviation utilise donc deux carburants différents : le kérosène ou carburéacteur ou jet-fuel (très proche du pétrole lampant des lampes à pétrole) pour alimenter les moteurs turbines et les turboréacteurs, et l'essence aviation (à haut indice d'octane) pour alimenter les moteurs à piston des petits avions de tourisme.

Les transports : le secteur-clé des utilisations du pétrole

Le poids des transports dans la consommation de produits pétroliers

Les produits pétroliers sont présents dans l'ensemble du secteur des transports : terrestres (essence et gazole), aériens (jet fuel et essences aviation), maritimes (fiouls lourds).

Les produits pétroliers satisfont 95% des besoins énergétiques des transports. L'électricité, le gaz, le charbon, la biomasse se partagent les 5% restants. Pour l'industrie pétrolière mondiale, les transports représentaient déjà 30% des débouchés en 1970. Ils représentaient 50% des débouchés en 2000.

Une situation durable ?

Cette utilisation massive de produits pétroliers pour assurer les transports peut-elle se poursuivre durablement ?

Deux problèmes se posent :

- la question des changements climatiques liés à l'effet de serre *(voir chapitre 10)*
- la question des limites aux ressources et réserves pétrolières et donc à la croissance des productions *(voir chapitre 12)*.

Au cours du XXIème siècle, c'est-à-dire entre l'année 2000 et l'année 2100, les besoins en énergie du secteur des transports - actuellement estimés à environ 2 Gtep/an (2 milliards de tonnes équivalent pétrole) - devraient au moins doubler et peut-être tripler, passant à 4 ou 6 Gtep/an.

Ces chiffres tiennent compte des estimations de croissance des économies et des populations.

Ils tiennent également compte des progrès que l'on peut espérer en matière de consommation des véhicules, du fait des améliorations technologiques d'une part, et de l'évolution des législations et des fiscalités destinées à stimuler les économies d'énergie d'autre part.

L'écart entre 4 et 6 Gtep représente les écarts entre les diverses prévisions actuelles.

Bilan des consommations d'énergie (début des années 2000)

	Le secteur des transports dans le monde (*)		Le secteur des transports en France (*)	
	MTEP	%	MTEP	%
Transports routiers	1500	80	40	76
Transports aériens	200	10	6	12
Transports maritimes	100	5	3	6
Transports autres	100	5	3	6
Total transports	1900	100	52	100
	Consommation énergétique totale dans le monde		Consommation énergétique totale en France	
	9300		**200**	
	Transports en % du total dans le monde		Transports en % du total en France	
	20%		**25%**	

Les carburants du futur

Au cours du siècle à venir, les besoins en énergie du secteur des transports vont croître, alors que les disponibilités en pétrole brut vont décroître. Dès aujourd'hui, plusieurs solutions sont évoquées pour résoudre ce problème, en particulier pour les transports automobiles :

- recours à l'électricité
- recours au gaz naturel
- recours aux carburants de synthèse
- recours à l'hydrogène.

Nul aujourd'hui ne sait quelle solution, ou quelle combinaison de ces solutions, prévaudra. La majorité des spécialistes pensent qu'un "nouveau couple sacré" devrait s'imposer d'ici 20 à 30 ans, celui du recours à l'hydrogène comme vecteur énergétique et de la pile à combustible pour convertir cet hydrogène en électricité. Mais d'autres solutions pourraient également émerger, tel un recours massif aux hydrocarbures de synthèse, couplé ou non à une pénétration importante de l'électricité dans le secteur automobile. Cette dernière possibilité a gagné en crédibilité depuis l'apparition de voitures hybrides commerciales *(voir : les voitures hybrides)*.

Demain, ces véhicules hybrides pourraient devenir "rechargeables" grâce à des capacités accrues de batteries électriques.

Quelles que soient les solutions technologiques retenues, l'industrie pétrolière sera sans doute la mieux placée, à la fois pour produire massivement les carburants du futur, qu'il s'agisse d'hydrocarbures de synthèse, de biocarburants ou d'hydrogène, et pour gérer leurs réseaux de distribution, qu'il s'agisse d'hydrogène ou de carburants de synthèse.

Les piles à combustible : qu'est-ce que c'est ?

Le principe est de réaliser une combinaison électrochimique d'hydrogène et d'oxygène, produisant simultanément de l'électricité, de la chaleur et de l'eau. La réaction est l'inverse de celle de l'électrolyse qui permet, en consommant de l'énergie électrique, de décomposer l'eau (H_2O) en hydrogène et oxygène : là, en combinant hydrogène et oxygène, on produit de l'eau et de l'électricité.

Réaction : $H_2 + {}^1/_2O_2 = H_2O$ + électricité

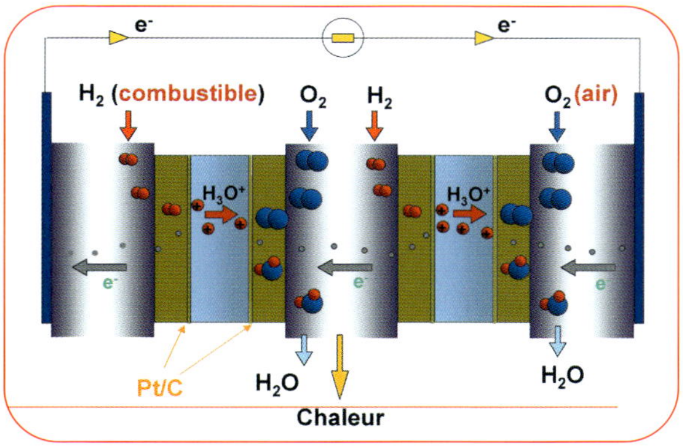

Il existe diverses familles de piles à combustible, selon la nature des matériaux utilisés. Les plus connues sont les PEMFC (Proton Exchange Membrane Fuel Cells), ou piles à acide polymère. Mais il existe aussi d'autres familles : piles alcalines, à acide phosphorique, à carbonates fondus, à oxydes solides. Elles fonctionnent à diverses températures (de 70°C à 1 000°C). Le choix dépend des usages et des puissances recherchées. Ainsi, elles sont couramment utilisées dans les satellites et elles connaissent aussi déjà quelques applications comme sources d'énergie à terre (fourniture d'électricité et de chaleur pour des logements). Le grand enjeu des piles à combustible est d'abaisser suffisamment leur coût pour pouvoir les utiliser à grande échelle, en particulier pour les transports automobiles. Ces automobiles du futur sont souvent appelées "voitures à hydrogène".

Les véhicules électriques

Les véhicules électriques utilisent, comme source d'énergie, de l'électricité stockée dans des batteries embarquées sur le véhicule. Apparus dès la fin du XIXème siècle, les véhicules électriques ont semblé l'emporter sur les véhicules à vapeur et à pétrole jusque vers 1900. Ainsi, la première voiture qui dépassa les 100 km/h était électrique : la "Jamais contente". Pourtant, l'électricité ne s'est imposée dans les transports que pour les véhicules sur rails (trains, métros, tramways) alimentés en électricité tout au long de leur fonctionnement. Le poids et l'encombrement des batteries - ou accumulateurs - limitent l'autonomie des véhicules électriques, ce qui a jusqu'à maintenant empêché leur développement (sauf petits véhicules spécialisés et flottes captives à faible autonomie).
Attention : Il ne faut pas confondre les véhicules électriques avec les voitures à pile à combustibles, où l'électricité est produite à bord des véhicules *(voir : piles à combustibles).*

Les véhicules électriques	
Avantages	**Inconvénients**
• Pas de pollution atmosphérique • Peu de pollution sonore	• Manque d'autonomie • Coût et poids élevés des batteries

Les voitures hybrides

Un moteur à explosion - qu'il soit à essence ou Diesel - a un rendement maximum s'il tourne à vitesse constante ou peu variable. L'idée est donc de coupler un moteur à explosion fonctionnant en continu à un générateur électrique (alternateur : équivalent d'une dynamo sur un vélo). Ce générateur électrique charge des accumulateurs, et ces accumulateurs entraînent des moteurs électriques... qui entraînent les roues. L'idée est ancienne mais c'est la firme Toyota qui a, la première, produit en 1997 et commercialisé en série une voiture hybride, la Prius. Elle a ainsi ouvert la voie à de futurs développements, tels les "hybrides rechargeables" sur le réseau électrique (alliant les avantages des voitures électriques à la grande autonomie des voitures à carburants pétroliers).

Les voitures hybrides	
Avantages	**Inconvénients**
• Gain de rendement de l'ordre de 20% pour un type donné de véhicule • Possibilité d'utilisation en régime "tout électrique" dans les embouteillages (moindre pollution et silence)	• A priori plus complexes et plus chères à produire que les automobiles classiques • Autonomie en batteries électriques encore très faible

Les voitures à gaz de pétrole liquéfiés (GPL)

Le butane, le propane, ou un mélange de ces gaz peuvent être utilisés pour faire fonctionner des automobiles. Ce système se développe dans quelques pays européens et au Japon.

Les voitures à GPL	
Avantages	**Inconvénients**
• Pollution réduite (mais proche de celle des moteurs à essence ou diesels les plus récents) • Diversification possible des approvisionnements	• Encombrement et poids des réservoirs sous pression • Réseaux de distribution insuffisants dans l'immédiat (recours à la bicarburation)

Les voitures à gaz naturel comprimé (GNV : gaz naturel véhicule)

Le gaz de ville ou le gaz naturel comprimé à 200 bars constitue un carburant automobile satisfaisant. Il fut utilisé dès le début du XXème siècle, se développa dans les années 1960 en Europe (Italie, France). Il connaît aujourd'hui un regain d'intérêt (autobus en Europe, voitures particulières dans quelques pays).

Le GNV (à gaz naturel comprimé)	
Avantages	**Inconvénients**
• Disponibilité de gaz à bon marché dans les pays producteurs • Diversification des approvisionnements (par rapport au pétrole)	• Encombrement et poids des réservoirs sous pression • Manque d'autonomie • Besoin de réseaux de distribution spécifiques liés à un réseau gazier

Les carburants de synthèse "Fischer-Tropsch"

Leur nom provient de celui des deux chimistes allemands qui les inventèrent vers 1935. Ces carburants sont produits à partir du "gaz de synthèse" (mélange $CO + H_2$) lui-même obtenu à partir de charbon ou de gaz naturel que l'on fait réagir avec de la vapeur d'eau. Selon les catalyseurs utilisés et les conditions de réaction (pression, température), on peut produire des essences, du gazole, du jet-fuel ou d'autres produits pétroliers (bases lubrifiantes, paraffines).
Ils ont été produits à l'échelle industrielle en Allemagne pendant la seconde guerre mondiale, puis en Afrique du Sud durant les années 1970-1990, Aujourd'hui, ils sont produits à l'échelle semi-industrielle en Malaisie (groupe Shell). Plus de vingt pays étudient des projets et le Qatar a commandé une usine en 2003.

Les carburants de synthèse

Avantages	Inconvénients
• Substitution parfaite avec les carburants pétroliers classiques, dont ils sont la version synthétique • Indépendance par rapport aux importations de pétrole	• Des coûts de fabrication élevés • De fortes émissions de CO_2 à la production

Les carburants de synthèse "biocarburants"

Les biocarburants sont d'un usage très ancien. Le bois est une "bioénergie" qui a été utilisée depuis longtemps dans les transports (dans les premiers chemins de fer) et dans les époques de pénurie ("gazogènes" pendant la Seconde Guerre mondiale). Les alcools sont les plus importants des biocarburants, largement utilisés aux Etats-Unis et au Brésil (éthanol provenant des céréales aux USA et de la canne à sucre au Brésil). En France, on produit environ 400 000 t/an de biocarburants (1% des consommations de carburant) sous forme d'ETBE (*Ethyl Tertio Butyl Ether* : substitut de l'essence à base d'éthanol produit à partir de betteraves ou de blé) et sous forme d'EMC (Ester Méthylique de Colza : substitut de gazole à base d'huile de colza).

Les biocarburants

Avantages	Inconvénients
• Se mélangent avec les carburants pétroliers classiques ou s'y substituent • Pas de logistique particulière	• Des coûts de fabrication élevés • Des surfaces nécessaires importantes (de l'ordre de 1ha par tonne nette par an de biocarburants)

L'hydrogène fait son apparition
Cette voiture futuriste a été présentée en 2002 au Salon de l'Automobile de Paris par le groupe américain General Motors.

Les voitures à hydrogène

L'idée d'utiliser de l'hydrogène pour faire fonctionner des automobiles est très ancienne (premier brevet en 1804). L'hydrogène peut faire fonctionner des moteurs à explosion, des turbines... ou des piles à combustible. De nombreux prototypes ont déjà été réalisés, en particulier en Allemagne par Daimler-Benz et BMW. Aujourd'hui tous les grands constructeurs automobiles ont des prototypes ou des projets de voiture à hydrogène.

L'hydrogène

Avantages	Inconvénients
• Minimum de pollution quel que soit le type de motorisation • Bon rendement si l'hydrogène est utilisé dans des piles à combustible	• Les coûts actuellement très élevés des piles à combustibles • Les coûts durablement élevés des divers stades des "chaînes hydrogène" - au stade de la production : l'hydrogène n'est pas une source d'énergie mais un vecteur d'énergie. Il faut le produire à partir d'énergies primaires : fossiles, nucléaires ou renouvelables - au stade de la logistique : son transport est environ 10 fois plus onéreux que celui du pétrole ou des produits pétroliers (à quantités d'énergie égale) - au stade du stockage dans les automobiles : 95% du poids est relatif aux réservoirs pour 5% en poids relatif d'hydrogène stocké

Pétrole, gaz et environnement

La grande révolution des XIXème et XXème siècles, c'est non seulement la révolution industrielle, mais c'est aussi et surtout la fantastique croissance de la population humaine : la population mondiale, qui était de 1,2 à 1,5 milliard d'habitants au début du XXème siècle, a aujourd'hui dépassé les 6 milliards d'habitants.

A la fin du XXIème siècle, en 2100, nous serons probablement 10 à 12 milliards d'habitants à vivre sur notre planète, soit près de dix fois plus que deux cents ans plus tôt. La disponibilité d'énergie bon marché en large quantité a constitué l'un des facteurs de cette révolution démographique.

Mais celle-ci s'est malheureusement accompagnée de conséquences négatives pour notre environnement, que ce soit sur la biodiversité, l'eau, la qualité de l'air.

Energie, pétrole et gaz sont liés de multiples façons à ces processus.

La croissance de la population humaine s'est accompagnée automatiquement d'une augmentation des besoins en nourriture, donc d'une extension des terres cultivées et d'un besoin d'accroissement des rendements agricoles, obtenus par l'usage croissant de l'irrigation, des engrais et des produits agro-chimiques (pesticides, fongicides, herbicides), et désormais par le développement des plantes OGM. Toutes ces évolutions imposent à la nature environnante des pressions ou des agressions qui se traduisent par la réduction des surfaces des espaces naturels (forêts, steppes), et par la réduction de leur richesse en espèces sauvages, végétales ou animales (réduction de la biodiversité).

De même, la croissance des besoins en eau - qu'il s'agisse des nappes souterraines, des sources, des rivières ou des fleuves - résulte directement de la croissance des populations et de la hausse des niveaux de vie. Il s'agit surtout des consommations liées à notre mode de vie (généralisation des bains, des machines à laver le linge et la vaisselle dans les pays riches), à nos agricultures à haut rendement (irrigation et arrosage intensifs) et aux besoins de nos industries. La concurrence pour l'eau est déjà un enjeu économique et même géopolitique dans nombre d'endroits. Là où l'eau est trop rare, les hommes produisent de l'eau douce à partir d'eau de mer : ce sont les usines de dessalement, qui consomment beaucoup d'énergie. La pression démographique affecte aussi la qualité des eaux, qu'il s'agisse des rivières, des fleuves, ou même des mers ou des océans. Plus nous sommes nombreux, plus nous rejetons de produits plus ou moins polluants dans notre environnement, et plus la qualité des eaux s'en trouve affectée. Il nous faut désormais surveiller en permanence la qualité des eaux pour savoir si nous pouvons nous baigner sans risques dans telle rivière ou sur telle plage. Dans tous ces aspects de la gestion de l'eau, l'énergie et en particulier le pétrole et le gaz sont impliqués.

Les mêmes phénomènes apparaissent dans nos relations avec l'atmosphère : la croissance des populations et des niveaux de vie s'accompagne de rejets de polluants atmosphériques, locaux, régionaux ou globaux. Là aussi le pétrole et le gaz jouent des rôles majeurs. Le développement de nos productions et de nos utilisations d'hydrocarbures liquides et gazeux vont donc être étroitement liés à toutes les questions majeures d'environnement : biodiversité, ressources en eau et qualité des eaux, qualité de l'air des zones urbaines et de l'atmosphère dans son ensemble.

Les déchets : un problème du monde moderne.

Pétrole, gaz et pollution des milieux terrestres

Pétrole et gaz ont des impacts sur l'environnement terrestre aux différents stades de leurs chaînes de production et de valorisation. Mais les impacts les plus importants sont ceux liés à leur consommation. Tout au long des chaînes gazières, le gaz naturel présente un avantage écologique incontestable au niveau des impacts sur l'environnement terrestre. Pour le transport à longue distance, le gaz naturel est la forme d'énergie qui a le moins d'impact : une fois qu'on a rebouché la tranchée dans laquelle repose le gazoduc, il n'y a pratiquement plus de dangers potentiels pour l'environnement, sinon des risques très faibles de fuites accidentelles (même si certains accidents exceptionnels peuvent être spectaculaires). Visuellement, les gazoducs constituent un moyen de transport d'énergie idéal car ils sont enterrés, contrairement aux lignes électriques à haute tension qui enlaidissent les paysages.

En ce qui concerne le pétrole, des fuites peuvent exister aux stades de la production ou des transports par canalisations si les opérations sont menées sans précautions suffisantes. Ainsi, après la chute du système soviétique en ex-URSS, il est apparu que de nombreuses canalisations de pétrole, mal entretenues,

Les milieux arctiques sont des environnements fragiles au plan écologique.

avaient fui et créé des dommages parfois spectaculaires, en particulier en Sibérie.
Aujourd'hui encore, dans certains pays comme le Nigeria, les fuites - accidentelles ou provoquées - dans les canalisations de transport de pétrole brut ou de produits pétroliers sont fréquentes, causant des dommages non seulement écologiques mais aussi humains.

Par ailleurs, de véritables problèmes environnementaux et sanitaires se posent aux stades suivants, lors de la transformation du pétrole en produits pétroliers - dans les raffineries - ou en produits pétrochimiques - par le vapocraquage - puis lors de la consommation de ces différents produits. Plus les produits s'écartent de ceux qui existent dans la nature, et plus le risque croît qu'ils ne soient que peu ou pas biodégradables, c'est-à-dire qu'il n'existera que peu ou pas de processus biologiques naturels pour les dégrader efficacement.
Par ailleurs, moins un produit est volatil et plus son impact sur l'environnement terrestre est important. Enfin, plus un produit est soluble dans l'eau et plus grands sont les risques qu'il comporte, en particulier pour les sols et les nappes aquifères superficielles (dites nappes phréatiques).

Equipement de protection.

Produits pétroliers : pollution et biodégradabilité

Les notions de danger des pollutions et de biodégradabilité sont distinctes, même s'il y a des relations entre les deux phénomènes. Ainsi, les sacs en plastique (polyéthylène, polypropylène, ou polychlorure de vinyle) ne sont pratiquement pas biodégradables, mais leurs dangers pour l'environnement sont limités (on peut cependant citer la mort de mammifères marins par étouffement ou par indigestion). En revanche, leur multiplication dans les paysages constitue une agression visuelle. A l'opposé, certains hydrocarbures, bien que relativement biodégradables, ou certains additifs des carburants, peuvent polluer des sols ou des nappes aquifères si les réservoirs les contenant se mettent à fuir. Veiller en permanence à l'état des réservoirs de stockage dans les raffineries, dans les dépôts et dans les stations-service relève de la responsabilité de l'industrie pétrolière. Pour répondre à des besoins particuliers, celle-ci peut même aussi fabriquer des produits pétroliers totalement dépourvus de caractéristiques agressives pour l'environnement. Ainsi fournit-elle des bases ou solvants sans danger pour l'environnement pour servir à la fabrication de nombreux produits agrochimiques. De même, c'est à partir de paraffines spécifiques qu'on pourra produire des boues de forage biodégradables ou des cosmétiques. Au total, même en cas de fuite, les produits pétroliers ne présentent que des risques limités en matière d'environnement ou de santé publique.

Le pétrole brut, un produit naturel

En ce qui concerne le pétrole brut, il faut relativiser les risques en matière d'environnement : ce n'est pas un polluant majeur.

Il s'agit en effet d'un produit naturel, pour lequel existent des cycles biologiques résorbant naturellement les épandages accidentels (plus ou moins vite suivant les climats, selon les qualités de pétrole brut et selon les quantités répandues).

Depuis des centaines de millions d'années, du pétrole arrive jusqu'à la surface de notre terre (indices de surface et sources de pétrole, comme à Pechelbronn) et ce phénomène fait partie normale du cycle de la vie. Ces indices naturels ont peu d'impact dégradant sur l'environnement, puisqu'ils en font partie.

Ainsi, dans les exploitations pétrolières de type mine à ciel ouvert - comme celles de l'Athabasca, au centre du Canada - les bœufs et les bisons vivent tranquillement en mangeant l'herbe qui pousse directement sur ces gisements affleurant en surface.

Sur ces mêmes lieux, des centaines d'hommes travaillent tout au long de l'année dans les couches pétrolifères, sans développer de maladies particulières.

Le pétrole, un danger pour notre santé ?

Le principal problème sanitaire lié au pétrole est celui de certaines formes de pollutions atmosphériques dues à son utilisation massive en zones urbaines.

En revanche dans notre vie quotidienne, nous utilisons en permanence des produits pétroliers - en faisant le plein de notre voiture - ou des produits dérivés du pétrole : détergents, cosmétiques, plastiques comme dans les biberons ou les couches pour bébés. Tous ces produits sont testés et constamment améliorés par les laboratoires de recherche afin de ne présenter aucun risque pour notre santé.

Le contact direct avec des hydrocarbures n'est pas nocif aux doses auxquelles nous risquons d'être exposés dans la pratique.

Comme l'avait dit dès la Renaissance le savant italien Paracelse "tout est dangereux, rien n'est dangereux". Les extraits de la même plante, absorbés en faible dose ou en forte dose constituent un médicament ou un poison. C'est avant tout une question de dose !

Pétrole, gaz et pollution des milieux marins

Depuis des dizaines d'années, des marées noires spectaculaires nous ont rappelé les dangers présentés par les transports pétroliers maritimes. Sur les six accidents qui ont eu les plus forts impacts sur les opinions publiques depuis la fin des années 1960, trois concernent le transport de pétrole brut (*Torrey Canyon, Amoco Cadiz* et *Exxon Valdez*) et trois concernent des transports de fiouls lourds (*Tanio, Erika* et *Prestige*).

fioul lourd. En revanche, en matière d'impacts visuels et d'impacts sur l'environnement, les déversements de fiouls lourds posent des problèmes plus sévères que ceux de pétrole brut. En effet, les fiouls lourds sont très peu volatils. Ils ont une densité proche de celle de l'eau et forment des émulsions stables et compactes. Dans certaines conditions, ils peuvent couler au fond, anéantissant pour un temps la faune et la flore là où ils se sont déposés. Enfin, ils sont peu biodé-

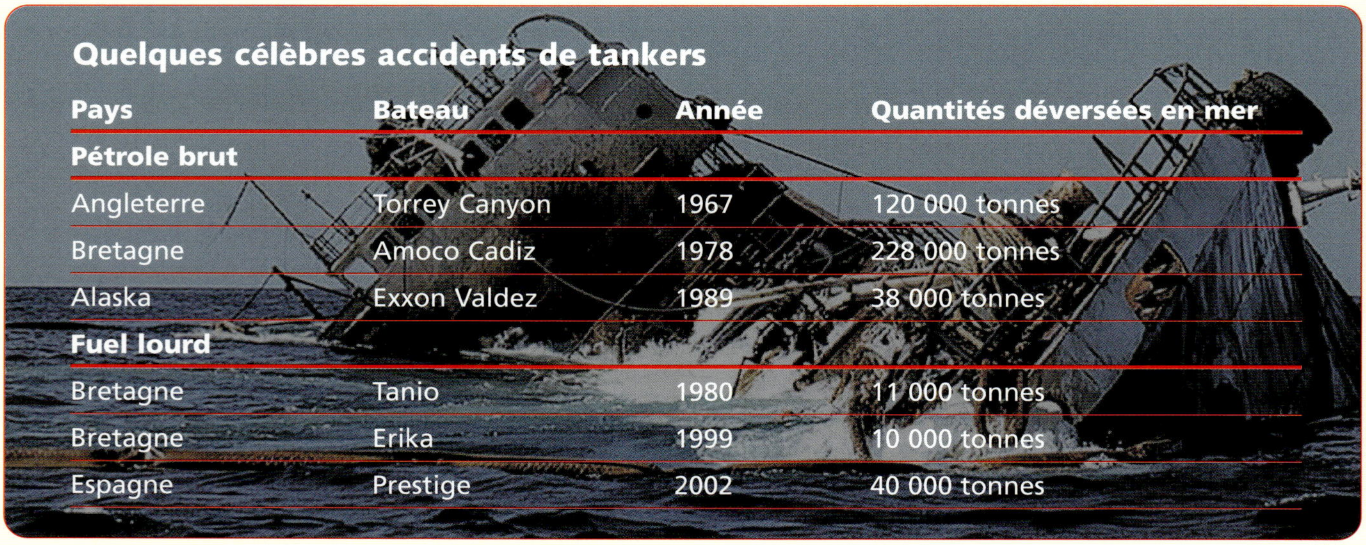

Quelques célèbres accidents de tankers

Pays	Bateau	Année	Quantités déversées en mer
Pétrole brut			
Angleterre	Torrey Canyon	1967	120 000 tonnes
Bretagne	Amoco Cadiz	1978	228 000 tonnes
Alaska	Exxon Valdez	1989	38 000 tonnes
Fuel lourd			
Bretagne	Tanio	1980	11 000 tonnes
Bretagne	Erika	1999	10 000 tonnes
Espagne	Prestige	2002	40 000 tonnes

Au-delà des aspects juridiques déjà évoqués *(voir chapitre 6)*, on notera que les ordres de grandeur des quantités déversées sont généralement beaucoup plus importantes dans les accidents de transport de pétrole brut que dans ceux relatifs aux transports de

gradables, en tous cas moins que les pétroles bruts. "Cuits" lors de la distillation atmosphérique et "recuits" lors de la distillation sous vide, ils concentrent les polyaromatiques, les résines, les asphaltènes, les métaux, le soufre.

Comment remédier à une marée noire ?

La récupération du pétrole brut ou du fioul lourd en mer reste d'une efficacité limitée, malgré la mise en œuvre de moyens de haute technologie : avions, bateaux-aspirateurs ou chalutiers à pétrole. Dans le cas du *Prestige*, malgré la mobilisation de moyens très importants, 10 à 20% seulement du fioul déversé a pu être récupéré en mer.

Une fois que les nappes de pétrole ou de fioul atteignent les côtes, les interventions reposent sur le ramassage et le nettoyage : les engins mécaniques sont largement utilisés dans le cas des plages, mais dans les zones rocheuses, il y a peu d'autres moyens que les pelles et les seaux. Ces opérations pénibles mobilisent souvent des milliers d'intervenants, volontaires ou professionnels, civils ou militaires.

Les dégâts sur la faune touchent surtout les oiseaux, dont souvent des milliers périssent lors des marées noires (*Erika, Prestige*). Les dégâts concernant l'environnement marin lui-même restent en général très limités.

Mise en place de barrages flottants avant aspiration.

Le nettoyage des plages s'avère moins difficile que celui des zones rocheuses.

Les marées noires, de terribles exceptions

Malgré le caractère spectaculaire des marées noires, les volumes de pétrole brut et de produits pétroliers rejetés dans la mer par ces accidents sont en diminution régulière depuis une vingtaine d'années : ces volumes ont été divisés environ par 10 entre les périodes 1979-1980 et 1998-2000.

En fait, l'immense majorité - plus de 99,9% - des quantités de brut ou de produits chargés sur des tankers arrivent heureusement à destination sans problèmes.

Pour réduire encore plus le nombre d'accidents, et en particulier des plus spectaculaires d'entre eux - ceux où les structures des navires se rompent (Erika, Prestige) la législation européenne et internationale des transports pétroliers se renforce de façon continue.

C'est ainsi que ces dernières années, on a assisté à des mesures importantes de rajeunissement des flottes et à la décision de généraliser l'utilisation en Europe de tankers à double coque.

Les marées noires ne sont hélas pas les seules ni les principales causes de déversement en mer d'hydrocarbures : elles représentent de l'ordre de 10 à 20% de ces déversements, le reste provenant des déballastages, des retombées atmosphériques, des rejets par les fleuves, des rejets industriels… et des émanations naturelles, qui seraient elles aussi responsables de 10 à 20% du total des émissions en mer. Les déversements liés à la production pétrolière offshore restent négligeables dans ce bilan (moins de 1%).

Pétrole, gaz et pollution de l'atmosphère

La combustion des énergies carbonées, fossiles (pétrole, gaz, charbon) ou actuelles (bois ou autres formes de biomasses) s'accompagne de deux types de pollution de l'atmosphère.

1. Des pollutions dites locales ou régionales, connues depuis très longtemps pour le charbon (poussières, dioxyde de soufre SO_2) mais qui existent aussi dans l'utilisation traditionnelle du bois. Brûlé dans des foyers domestiques, le bois est la plus dangereuse des sources d'énergie au plan de la santé (maladies respiratoires, cancers), contrairement à l'image écologique de ce combustible. Le pétrole et à un moindre degré le gaz sont aussi responsables de pollutions atmosphériques locales. Il existe aussi des pollutions affectant de grandes zones géographiques, telles les pluies acides.

2. Des pollutions globales, connues depuis longtemps des scientifiques, mais qui n'ont été perçues que récemment (depuis dix à quinze ans seulement) comme des risques majeurs. C'est en particulier le cas des émissions de “gaz à effet de serre”, dont l'accumulation risque de devenir un facteur de changement des climats. Le plus connu de ces gaz à effet de serre est le dioxyde de carbone ou gaz carbonique (CO_2), émis dès que l'on brûle des substances contenant du carbone tels les combustibles fossiles.

Les pollutions atmosphériques locales

Attention : on considère qu'une pollution atmosphérique est locale lorsqu'elle n'affecte qu'une région limitée de la planète, par exemple une ville ou une province.

Un précurseur : le charbon

A l'époque où le charbon était l'énergie dominante (XIXème siècle en Europe) et là où aujourd'hui encore il joue un rôle essentiel (Chine), les pollutions liées à son utilisation avaient été et sont encore un objet d'inquiétude. Maladies respiratoires et brouillards polluants (smog de Londres) avaient depuis longtemps alerté les responsables de la santé publique. Ces problèmes de santé ont d'ailleurs contribué à faire reculer l'utilisation du charbon en Europe.

C'est ainsi qu'à Londres, en 1952, un pic de pollution au dioxyde de soufre (SO_2) fut tenu pour responsable de la mort de 4 000 personnes. Il en résulta une législation sévère, interdisant l'usage du charbon et du bois dans les foyers domestiques. Les résultats furent spectaculaires : le microclimat hivernal de la région londonienne (brouillards jaunes) s'en trouva changé ! Voilà un exemple réussi d'intervention de la puissance publique face à un problème de pollution. Celle-ci fut rendue possible grâce à l'arrivée massive du gaz naturel.

Les pluies acides

Les principales pollutions régionales dues au pétrole proviennent de l'utilisation des fiouls lourds dans les installations industrielles (centrales électriques, cimenteries, usines diverses) qui sont responsables d'émissions de soufre (SO_2), d'oxydes d'azote et de particules. Ces émissions de soufre, en particulier, ont joué un rôle important dans la question des "pluies acides". Il y a trente ans, l'effet de ces émissions sur l'ensemble des forêts tempérées - des Etats-Unis à l'Europe et au Japon - paraissait dramatique.

L'adoption de législations diminuant les teneurs en soufre des fuels et des rejets des principales installations émettrices (dont les raffineries) ont permis de limiter l'ampleur du phénomène, puis d'obtenir progressivement sa régression.

Les pollutions urbaines provenant des automobiles

Aujourd'hui, les pollutions locales les plus répandues dues au pétrole sont les pollutions urbaines liées à l'utilisation des véhicules automobiles - un problème auquel l'opinion publique est de plus en plus sensible. Ainsi, les grandes villes d'Europe se sont désormais dotées de systèmes de mesure et de suivi de ces pollutions de l'air urbain (*voir : en région parisienne le système AIRPARIF, nom de l'association*). En fait, l'air des villes est de moins en moins pollué et non pas de plus en plus pollué, comme le public le croit souvent. Ce phénomène peut s'expliquer par l'adoption de normes plus sévères et par la mise en place de systèmes efficaces d'alerte et d'information du public.

Certes, des progrès spectaculaires ont déjà été réalisés au niveau des moteurs automobiles ces vingt dernières années : la plupart des polluants locaux (hydrocarbures imbrûlés, monoxyde de carbone, soufre, oxydes d'azote) ont vu leurs quantités diminuer d'un facteur 10 ou 20 suivant les polluants. Cela signifie que les moteurs neufs actuels - pour une même puissance - vont émettre dix ou vingt fois moins de polluants que ceux que l'on fabriquait il y a vingt ans. Ces résultats remarquables sont peu connus du pulic.

D'autres problèmes en matière d'émissions urbaines sont en voie d'être résolus. C'est le cas par exemple des particules émises par les moteurs Diesel.

L'ozone

L'ozone, O_3, variété triatomique de l'oxygène, est un polluant qui pose un problème de santé publique. On parle ici de l'ozone de basse altitude dit "ozone troposphérique". Cet ozone est agressif vis-à-vis de nos bronches, et en particulier vis-à-vis des jeunes enfants et des personnes âgées : c'est un puissant oxydant. Il est indirectement produit par les moteurs : les automobiles émettent des gaz dits "précurseurs" (oxydes d'azote et composés organiques volatils en particulier) qui par réaction photochimique - donc en particulier par temps ensoleillé - donnent naissance à cet ozone de basse altitude. Si le temps est peu venté, cet ozone s'accumule dans les zones urbaines ou à proximité de celles-ci. Face à ce problème, l'industrie pétrolière a investi massivement pour réduire les émissions des composés organiques volatils, tant dans les raffineries que dans les systèmes de distribution.

Le "bon ozone" et le "mauvais ozone"

Il ne faut pas confondre l'ozone de basse altitude, dit "ozone troposphérique", avec l'ozone de très haute altitude dit "ozone stratosphérique". Ce dernier nous protège des excès des rayonnements ultra-violets du soleil. Il constitue un sujet d'inquiétude car sa teneur semble décroître, parfois dangereusement : c'est le problème du "trou d'ozone", qui n'a, semble-t-il, rien à voir avec les questions d'énergie ou de transport automobile. Pour lutter contre la destruction de l'ozone stratosphérique, des conventions internationales ont banni l'usage des CFC (chlorofluorocarbones) dans les bombes aérosols, les réfrigérateurs ou les extincteurs. Afin d'éviter les confusions entre ces deux variétés d'ozone, certains ont proposé d'utiliser les mêmes images que pour le cholestérol en parlant de "bon ozone" (l'ozone stratosphérique) et de "mauvais ozone" (l'ozone troposphérique).

Mesures de pollution urbaine : le système AIRPARIF

AIRPARIF est une association créée en 1979 pour surveiller la qualité de l'air à Paris et en Ile-de-France afin de prévenir la population en cas de pollutions qui approcheraient de "seuils" de risques définis par l'OMS (Organisation mondiale de la Santé) et par les directives européennes.

Les moyens : 55 stations de mesure, 160 appareils de mesures automatiques, 50 salariés (dont 40 ingénieurs et techniciens).

Les mesures : 60 polluants sont mesurés en permanence, dont les principaux sont les oxydes d'azote, l'ozone, le dioxyde de soufre, et le monoxyde de carbone. AIRPARIF mesure et analyse également les particules contenues dans l'air (poussières, métaux lourds, hydrocarbures).

L'information : AIRPARIF informe en permanence le public sur les niveaux présents de pollution et sur ceux prévus pour les deux journées suivantes. Le public peut s'informer par Internet ou par la presse. L'information est synthétisée par un indice (indice naturel ATMO) qui intègre les quatre principaux polluants de l'atmosphère urbaine (SO_2, NO_2, O_3 et particules fines).

Les études : AIRPARIF produit des études techniques (simulations numériques) visant à expliquer et à prévoir les diverses pollutions de l'air de la région parisienne. Un des objectifs est d'évaluer l'impact des diverses mesures de lutte contre la pollution et donc d'évaluer leur efficacité.

Les pollutions atmosphériques globales

Depuis une quinzaine d'années, une nouvelle question est à l'ordre du jour : la question de l'effet de serre. Lors de la conférence de Rio, en 1992, cette question est pour la première fois reconnue au plan international comme constituant une menace globale, face à laquelle il convient de réagir tous ensemble, par un effort collectif de tous les pays.

Un organisme international, le GIEC (Groupement International pour l'Etude des Changements climatiques) ou en anglais IPCC (*International Panel on Climate Change*) coordonne au plan mondial les recherches des climatologues. Ceux-ci évaluent les élévations de température que pourraient provoquer nos émissions : on parle de 1,5°C à 6°C d'ici un siècle, ce qui représente un changement climatique important voire majeur.

Cinq ans seulement ont passé entre cette prise de conscience collective et la mise au point d'un premier accord international pour essayer de combattre les risques de l'effet de serre : c'est le protocole de Kyoto (1997). Ce premier accord, très imparfait, a le grand mérite d'avoir permis au monde entier de réaliser qu'un nouveau problème se posait, et que nous ne pourrions le résoudre que collectivement. Même les pays en désaccord avec les termes de ce protocole, comme les Etats-Unis, sont eux aussi impliqués dans cette prise de conscience et mettent en place des mesures de lutte contre l'effet de serre (recherches technologiques, engagements volontaires de réductions d'émissions par branches industrielles par exemple). On peut espérer que dans 10 ou 20 ans, tous les Etats se rejoindront dans un ou des accords permettant de lutter plus efficacement contre les émissions de gaz à effet de serre ou d'en assurer la séquestration : stockage du CO_2 dans des "puits de carbone" ou dans des réservoirs souterrains.

Les industries du charbon, du pétrole et du gaz sont directement impliquées dans ce problème de changement climatique : les énergies fossiles sont responsables d'environ 80% des émissions anthropiques (émissions dues aux activités humaines) de gaz à effets de serre, les 20% restants étant liés à l'agriculture et à l'élevage. Ces émissions anthropiques représentent chaque année environ 7 milliards de tonnes de carbone (soit plus de 20 milliards de tonnes de gaz carbonique).

Le "système Terre" (terre + océans) en absorbe environ la moitié, mais le reste s'accumule dans notre atmosphère.

L'industrie pétrolière est consciente de ses responsabilités face à ce problème qui affectera toute son économie et l'avenir de toutes les formes d'énergie. Il est en effet presque inévitable, si on veut limiter efficacement les émissions de gaz carbonique, que celles-ci s'accompagnent d'une dépense pour les émetteurs. Ces coûts pourront prendre diverses formes : taxations, droits d'émission ou crédits pour réduction d'émission, coûts techniques des réductions d'émissions ou de la séquestration.

Dans tous les cas ce seront des éléments essentiels de l'économie énergétique du futur *(voir chapitre 12).*

Face à un tel problème, il faudra utiliser tous les moyens possibles visant à réduire les émissions de gaz à effet de serre. Dans cette optique, plusieurs méthodes sont envisagées. On peut tout d'abord utiliser des "écotaxes", ou taxes sur les émissions de carbone ou de gaz à effet de serre, qui ont la faveur des écologistes. On peut aussi recourir à des "marchés des droits d'émissions", dans lesquels ceux qui émettent plus de gaz à effet de serre que leur quota autorisé achèteront des droits à ceux qui émettent moins que leur quota. L'expérience nous dira si une méthode est plus efficace que l'autre ou s'il convient de les combiner : il n'y a actuellement aucune raison de les opposer.

Ecotaxes ou marchés des droits d'émissions signifieront, pour les utilisateurs d'énergie, des augmentations de coût. On ne sait pas aujourd'hui à quel niveau ces coûts se situeront : il existe un potentiel de réduction des émissions à 5 \$ ou € la tonne de CO_2 émise, un potentiel plus important à 20 ou 30 \$ par tonne, mais il n'est pas exclu qu'il faille atteindre des niveaux encore beaucoup plus élevés (100 \$ par tonne ?) si on veut obtenir une forte réduction des émissions. A quel coût peut-on réduire efficacement les émissions de gaz à effet de serre ? C'est là la question essentielle.

L'effet de serre : Qu'est-ce que c'est ?

La terre reçoit en permanence un flux d'énergie qui est celui du rayonnement solaire. Elle renvoie vers l'espace l'essentiel de l'énergie reçue, mais le rayonnement réfléchi est différent de celui reçu du soleil, car il contient une forte proportion de rayons infra-rouges. Ces rayonnements réfléchis sont en partie retenus par l'atmosphère, et en particulier par certains composants de celle-ci dits "gaz à effet de serre". Les plus importants sont la vapeur d'eau (condensée dans les nuages), le gaz carbonique et le méthane, mais il en existe d'autres. L'atmosphère joue ainsi le rôle du vitrage dans une serre, qui lui aussi a pour effet d'augmenter la température à l'intérieur de la serre.

L'effet de serre est donc un phénomène naturel : la température moyenne à la surface du globe, au lieu d'être de +13°C, serait d'environ -15°C sans effet de serre. Il n'y aurait alors pas d'eau liquide sur terre et donc pas de vie ! En revanche, l'augmentation des gaz à effet de serre liées aux émissions anthropiques crée une augmentation de l'effet de serre naturel. C'est cet excédent qui entraîne le risque de réchauffement, évalué entre 1,5°C et 6°C d'ici 2100 par le GIEC (ou IPCC). Entre 1700 et 2000, la teneur en CO_2 de l'atmosphère est passée de 280 ppm (parties par millions) à 370 ppm. Elle risque d'atteindre 500 à 600 ppm vers 2050.

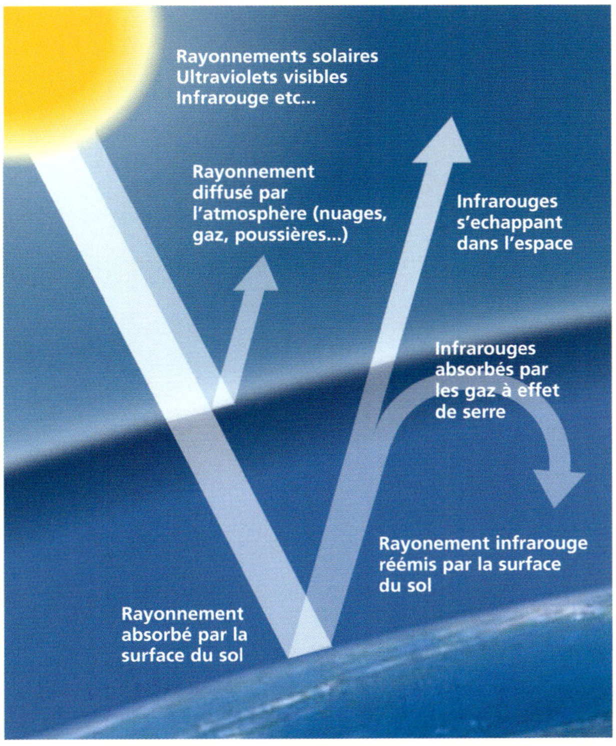

La séquestration du carbone

Face à la difficulté de réduire suffisamment les émissions de gaz à effet de serre, et en particulier de gaz carbonique, une idée serait d'emprisonner (ou de séquestrer) celui-ci après son émission. Trois grandes directions de recherche sont en cours d'évaluation, chacune présentant de multiples variantes :

1) La séquestration physique : Il s'agit de "piéger" le gaz carbonique en l'injectant dans des formations souterraines poreuses, créant ainsi des réservoirs artificiels. Cette technique est voisine de celle utilisée pour stocker du gaz naturel. Elle suppose de construire des canalisations, de comprimer le gaz carbonique et de l'injecter par des puits analogues aux puits de pétrole. Les réservoirs dans lesquels on injecterait pourraient être d'anciens gisements de pétrole ou de gaz, ou des réservoirs aquifères profonds.

2) La séquestration biologique : Le bois d'un arbre constitue un "stock" de carbone qui a été piégé grâce à la photosynthèse (la chlorophylle des feuilles permet aux plantes de prélever du gaz carbonique dans l'atmosphère pour synthétiser la cellulose et le bois). Malheureusement le bois est un mode de stockage à faible durée de vie (quelques dizaines d'années).

3) La séquestration chimique : On peut théoriquement piéger du carbone en produisant des carbonates comme le fait à grande échelle la nature quand elle produit des calcaires. Des études évaluent aussi la possibilité de convertir des silicates en carbonates.

Les réactions de l'industrie pétrolière face à la question du changement climatique

Les stratégies des groupes pétroliers

La majorité des sociétés pétrolières a aujourd'hui reconnu la validité des arguments scientifiques relatifs aux risques de changement climatique. Cette reconnaissance a conduit la plupart d'entre elles à adopter des stratégies dont voici les grandes lignes :

- Support aux efforts des scientifiques pour faire progresser notre compréhension des systèmes climatiques.
- Implication directe dans les efforts de réduction des émissions de gaz à effets de serre à tous les stades de la chaîne des activités pétrolières ou gazières, y compris chez les utilisateurs de produits pétroliers ou de gaz.
- Support ou implication directe, selon les cas, dans les études visant à la séquestration du gaz carbonique.
- Implication dans les énergies renouvelables (Shell, BP, Total).
- Intérêt pour l'avenir des énergies nucléaires.

Les marges de manœuvre des sociétés pétrolières

Emissions de gaz à effet de serre par les grandes compagnies pétrolières

En tonne de CO_2 équivalent	Situation 2000	Objectifs 2010
Production de pétrole et de gaz (par TEP produite et vendue CIF)	0,30 à 0,15	0,20 à 0,10
Raffinage (par tonne de pétrole raffiné)	0,18 à 0,20	0,22 à 0,25

Parmi toutes ces stratégies, il est intéressant de voir quels sont les efforts consentis par l'industrie pétrolière pour limiter ses propres émissions, c'est-à-dire celles liées à ses activités de production, de transport et de raffinage. Ainsi les grandes sociétés pensent pouvoir réduire d'environ un tiers leurs émissions de gaz à effets de serre entre 2000 et 2010 pour les opérations d'exploration - production. L'essentiel de cette réduction devrait être obtenue par la quasi-disparition du torchage des gaz associés.

Par contre, en matière de raffinage, il ne paraît pas possible de réduire les émissions de gaz à effet de serre, malgré l'adoption de différentes mesures d'économie d'énergie comme l'installation, dans les raffineries, d'unités de cogénération : celles-ci permettent d'économiser de l'énergie en produisant simultanément de l'électricité et de la vapeur. Ceci est dû à deux facteurs essentiels. D'une part, la demande croissante en produits légers (carburants) au détriment des produits lourds (fiouls) oblige à multiplier les unités de conversion, fortes consommatrices d'énergie et d'hydrogène. D'autre part, les spécifications sont chaque fois plus exigeantes en matière de propreté des produits (en particulier des teneurs en soufre toujours plus basses pour les carburants essences et gazole). Or, pour désulfurer un produit pétrolier, il faut en pratique le traiter avec de l'hydrogène : cet hydrogène provenant lui-même d'hydrocarbures dont on enlève le carbone, ce carbone sera rejeté sous forme de gaz carbonique dans l'atmosphère ! La lutte contre les émissions des moteurs pour améliorer la qualité de l'air dans les villes grâce aux pots d'échappement catalytiques va donc engendrer en amont, au stade du raffinage, un supplément d'émissions de gaz à effet de serre, et donc avoir un effet négatif au plan des changements climatiques.

Sonde mesurant la pollution atmosphérique.

Cet exemple illustre toute la difficulté des "bilans-environnement" de telle ou telle mesure technique ou de telle ou telle norme ou législation. Pour juger des effets, il faut établir des bilans globaux et à long terme, tout au long de la chaîne, "des puits à la roue" comme disent les pétroliers. On a ainsi vu *(chapitre 9)* que la voiture à hydrogène, qui semble une solution attrayante au plan de la pollution automobile en ville, serait probablement une mauvaise solution au plan de l'effet de serre, sauf si l'hydrogène était obtenu à partir d'électricité "renouvelable" ou "nucléaire". Cet exemple montre bien la difficulté d'établir des stratégies solides et durables face aux problèmes d'environnement. C'est cependant une nécessité : il en va de l'avenir de nos économies, de l'avenir de nos santés et de l'avenir des relations politiques entre les nations.

Le protocole de Kyoto

- L'objet est de réduire les émissions de 6 catégories de "gaz à effets de serre" dont le principal est le gaz carbonique (dioxyde de carbone ou CO_2).
- Année de référence des émissions : 1990
- Années où les objectifs atteints seront mesurés : 2008-2012
- Base des engagements pris : pays développés seulement (dits pays de l'annexe 1).
- Implication des pays tiers moins développés par la possibilité de projets en coopération avec les pays de l'annexe 1.
- Possibilité de marchés des droits d'émission de gaz à effet de serre pour minimiser le coût global des réductions d'émissions.

Signé en 1997, ce protocole doit être ratifié par la majorité des pays signataires. Les pays de l'Union Européenne ont décidé de le ratifier, mais pas les USA, jugeant l'accord déséquilibré et trop dangereux pour leur économie.

Production d'électricité et émissions de carbone

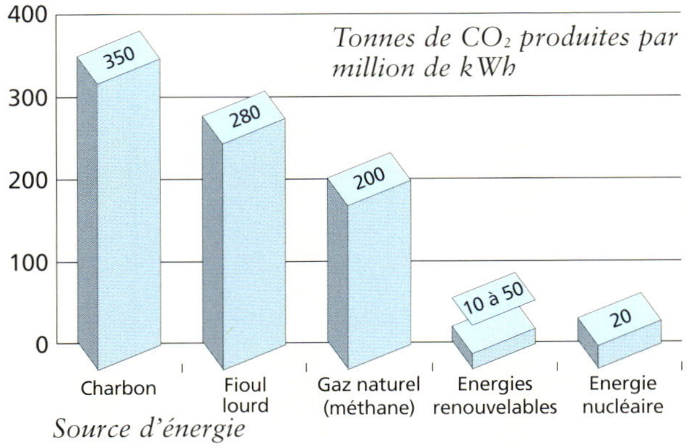

Le charbon est le plus gros émetteur de CO_2, et encore ne compte-t-on pas les émissions de méthane (grisou) lors de l'extraction du charbon : une exploitation de houille, par mine ou carrière, est l'équivalent d'un gisement de gaz naturel à ciel ouvert ! Dans certains pays, en particulier aux Etats-Unis, certains gisements de charbon sont d'ailleurs exploités pour produire... du gaz naturel : c'est le coal bed methane ou C.B.M. Sous l'angle des émissions de gaz carbonique, le fioul lourd reste une bonne option pour la production d'électricité face au charbon.

Emissions de gaz carbonique des voitures automobiles

selon le type de carburant et de motorisation pour une même puissance*

Type de voiture	Indice d'émission
Voiture diesel = référence	100 (Base de référence)
Voiture Diesel GTL (Fischer-Tropsch)	120
Biodiesel (EMHV ex Colza)	80
Voiture à essence	130
Voiture GPL	110
Voiture à gaz naturel comprimé	110
Voiture à hydrogène	30 à 150

*bilan *"well to wheel"* : du puits ou de la source d'énergie primaire à la voiture.

Le diesel est une très bonne solution sous l'angle des émissions de CO_2... sauf si son emploi devait se généraliser, car il faudrait alors en produire beaucoup plus, ce qui entraînerait une production accrue de CO_2 dans les raffineries.

Voitures à hydrogène avec pile à combustible et émissions de gaz carbonique

(bilans intégrés)

Type de voiture	Indice
Voiture diesel = référence	100 (Base de référence)
Voiture à hydrogène comprimé (H_2 produit par électrolyse et compression par électricité base France, *ie* 80% nucléaire)	30
Voiture à hydrogène comprimé (H_2 produit par gaz naturel base Europe)	95
Voiture à hydrogène liquéfié (H_2 produit par gaz naturel base Europe)	150

Le bilan CO_2 des voitures à hydrogène avec piles à combustible est extrêmement variable selon la source de l'hydrogène et l'origine de l'électricité pour sa production ou sa compression : de trois fois moins d'émissions que le moteur Diesel... à une fois et demi les émissions du diesel.

Pétrole et gaz : les dimensions politiques

Le pétrole, une matière première stratégique

Le pétrole et le gaz ne sont pas uniquement des sources d'énergie qui ont bouleversé nos modes de vie au XXème siècle. Ils évoquent aussi, dans nos imaginaires, des luttes et même des guerres. C'est que le pétrole apparaît, à partir de la Première Guerre mondiale, comme une matière première stratégique majeure.

"La victoire a vogué sur un océan de pétrole", constate Georges Clémenceau. Il a par exemple permis le succès du transport des troupes par automobile - c'est l'opération des taxis de la Marne - l'apparition des blindés, des bombardements aériens. Ce rôle stratégique ne fait que se confirmer lors de la seconde guerre mondiale.

Ce caractère stratégique ne disparaît pas en temps de paix. En tant que source d'énergie bon marché et d'utilisation aisée, le pétrole a permis la croissance des Trente Glorieuses. En tant que matière première de valeur facilement exportable, il permet l'enrichissement de certains producteurs et autorise donc l'accès au développement. Comme le sel, le sucre, les épices en leur temps, le pétrole supporte à la fois une taxation spécifique et un commerce international très actif. Le pétrole est synonyme de mobilité, d'industrialisation, de mode de vie à l'occidentale, avec voitures et électricité. Un problème majeur : la répartition des ressources pétrolières sur la planète ne correspond pas à la répartition des consommations. De ce fait, certains pays consommateurs ont cherché à s'assurer des sources d'approvisionnement en suscitant la création de sociétés étatiques avant que les pays producteurs ne fassent la même chose *(voir chapitre 7)*. Cette non-coïncidence est source de conflits et de crises.

Le pétrole dans la Seconde Guerre mondiale

Le pétrole est depuis longtemps un facteur de guerre : lorsque les Japonais attaquent les Américains à Pearl Harbour, c'est en partie parce que leur approvisionnement en pétrole leur semble menacé. Lorsqu'ils envahissent les Indes néerlandaises (l'actuelle Indonésie), c'est pour assurer cet approvisionnement. Lorsque Hitler se retourne contre Staline, c'est, entre autres, pour mettre la main sur les gisements de pétrole du Caucase. Le pétrole signe la victoire ou la défaite : les blindés allemands font merveille dans la guerre-éclair des débuts (Blitzkrieg), mais Rommel s'effondre à El-Alamein parce qu'il est à court de carburant. Si l'on n'en dispose pas, il faut les créer : les premiers hydrocarbures de synthèse apparaissent en Allemagne.

En revanche, du côté allié, ce souci n'existe pas, grâce à l'importance de la production américaine et aux concessions américaines et britanniques au Moyen-Orient : cet atout sera décisif. Et les avions alliés sont plus performants, grâce à de meilleurs lubrifiants et à des essences à haut indice d'octane, provenant des raffineries américaines....

Le pétrole et les relations internationales

1914-1918 :	Première Guerre mondiale "motorisée"
1928 :	Accords d'Achnacarry et de la ligne rouge (cartel des 7 sœurs assurant la régulation des prix du pétrole)
1938 :	Première nationalisation des ressources pétrolières par un pays producteur, au Mexique
1939-1945 :	Rôle stratégique du pétrole dans la Seconde Guerre mondiale
1945 :	Accord entre Roosevelt et Ibn Séoud (La dynastie hachémite se porte garante de l'approvisionnement des Etats-Unis, qui garantissent la protection de l'Arabie Saoudite)
1948 :	Les Etats-Unis deviennent importateurs de pétrole
1954 :	Mossadegh échoue dans sa tentative de nationalisation des compagnies pétrolières internationales en Iran
1955 :	Conférence de Bandoung - Emergence des pays non-alignés
1956 :	Nasser nationalise le canal de Suez - Echec des Anglo-Français
1960 :	Création de l'OPEP
1967 :	Guerre des 6 jours - Echec de l'utilisation de "l'arme du pétrole"
1973-1974 :	Guerre du Kippour - Les pays de l'OPEP décident unilatéralement d'une forte augmentation du prix du pétrole : premier choc pétrolier
1979 :	Arrivée au pouvoir de l'ayatollah Khomeiny en Iran : deuxième choc pétrolier
1980 :	Début de sept ans de guerre entre l'Iran et l'Irak. Parmi les enjeux : le contrôle des débouchés maritimes du Golfe persique et d'une région pétrolifère, le Chatt-el-Arab
1991 :	Première guerre du Golfe. Sous l'égide des Nations-Unies, une coalition dirigée par les Etats-Unis libèrent le Koweït envahi par l'Irak
2003 :	Deuxième guerre du Golfe. Les Américains et les Anglais occupent l'Irak pour mettre fin au régime de Saddam Hussein

Aujourd'hui, qui consomme ? Qui produit ? Avec quelles réserves ?

	Réserves prouvées	Production	Consommation
Moyen-Orient	66%	31%	6%
Amérique du Nord	6%	18%	30%
Europe occidentale	2%	9%	22%
Pays en transition	6%	11%	5%
Amérique latine	9%	10%	6%
Afrique	7%	11%	3%
Asie et Océanie	4%	10%	28%

Des sources d'énergie sur lesquelles sont fondées les économies occidentales

Le pétrole, un reflet du développement économique

La consommation de pétrole reste aujourd'hui un reflet du degré de développement économique, car les consommations massives sont liées au niveau d'industrialisation et au niveau de consommation. Les consommations les plus importantes sont celles de la zone OCDE.

Du lendemain de la Seconde Guerre mondiale jusqu'en 1973, cette zone a connu une phase de croissance majeure, les Trente Glorieuses. C'est la disponibilité de ressources en énergie à bon marché, le pétrole en premier lieu, qui a permis cette expansion : le prix du pétrole reste stable et modique, environ 2 $ de l'époque par baril, soit 5 $ actuels. La consommation mondiale augmente alors en moyenne de 7% par an, doublant ainsi tous les dix ans environ. Durant cette période de trente ans, le nombre de voitures a plus que triplé, et le nombre de passagers transportés par avions a presque été multiplié par 30 !

La dépendance pétrolière

Les économies occidentales sont bouleversées à partir de 1973 par ce qu'on appelle le premier choc pétrolier. Cette année-là, l'OPEP décide de doubler ses prix en octobre, puis de les doubler encore en décembre. Les installations énergétiques étant, comme on l'a vu, des industries lourdes, peu adaptables, le coût de cette augmentation se fait sentir pendant des années. Ainsi, entre 1972 et 1980, le coût des achats de pétrole pour les pays importateurs a été presque multiplié par 10.

La décision des pays producteurs est issue d'une volonté de maximiser leurs revenus dans une perspective économique ou politique. Elle modifie la donne sur la durée pour les pays consommateurs. Cette décision contribu à ce que le rythme de croissance des économies occidentales tombe à 2,8% par an.

En 1979 a lieu le second choc pétrolier : la révolution de Khomeiny entraîne une désorganisation de la production pétrolière iranienne. Les quantités produites et mises sur le marché diminuant, les pays consommateurs vont se trouver secoués par une nouvelle crise économique, manifestant à nouveau leur sensibilité aux variations des prix du pétrole *(voir chapitre 8)*.

Les stratégies des pays occidentaux

Confrontés à cette fragilité, les pays de l'OCDE vont faire feu de tout bois pour y remédier. Des économies d'énergie sont réalisées, qui aboutiront à une réduction des consommations de l'ordre de 15 à 20% dans les années 1980. Des substitutions sont mises en place : la France se lance en 1974 dans un vaste programme de production d'énergie nucléaire. C'est aussi l'expansion de l'industrie gazière : partiellement produit en même temps que le pétrole, longtemps brûlé dans des torchères pour les sources éloignées des marchés, il est désormais exploité et valorisé car sa récupération devient rentable. Enfin, dans les années 1990, l'émergence du mouvement écologique en politique - on trouve des “Verts” dans tous les pays de l'OCDE, parfois très puissants, comme en Allemagne - freine l'expansion du nucléaire mais stimule le développement des énergies renouvelables. Celles-ci représentent cependant une part encore mineure du bilan énergétique des pays industrialisés.

Les compagnies pétrolières relancent l'exploration hors du Proche-Orient. La hausse des prix accroît leurs bénéfices, leur permettant d'investir dans des

Répartition de la demande de pétrole

	1950	1970	2002
Amérique du Nord	65%	34%	28%
Europe occidentale	9%	27%	20%
Pays en transition	13%	15%	6%
Asie et Océanie	4%	14%	28%
Amérique latine	6%	6%	9%
Afrique et Moyen-Orient	3%	4%	9%

régions où la production, autrefois trop chère par rapport au prix du pétrole, devient compétitive, comme l'Alaska ou la mer du Nord. Après l'effondrement de l'URSS, au début des années 1990, les territoires de la CEI s'ouvrent aux compagnies internationales. Le poids stratégique des zones de production s'inverse : à l'aube du XXIeme siècle, la production non-OPEP l'emporte sur la production OPEP, mais cette situation ne peut être durable étant donnée la répartition géographique des réserves.

Les chocs pétroliers n'ont pas jusqu'ici modifié *l'american way of life*, qui implique des consommations énergétiques très élevées (doubles de celles des Européens). Les liens sont tels entre le pétrole et les Etats-Unis que les élites politiques du pays sont en partie issues de l'industrie pétrolière. Enfin leur ancrage militaire dans le golfe Persique (Arabie Saoudite puis Irak) devrait, dans la vision stratégique américaine, aider à assurer la stabilité des approvisionnements pétroliers.

Répartition OPEP / hors OPEP

Production pétrole	1973	2000
OPEP	53 %	38 %
Non-OPEP	47 %	62 %
Monde	100 %	100 %

Pétrole et diplomatie

Le besoin d'assurer l'approvisionnement en pétrole a souvent un impact direct sur la diplomatie des pays consommateurs. Ainsi, lors de la guerre des six jours en 1967 (*voir : Canal de Suez*), la France relâche son soutien à Israël et améliore ses relations avec les membres de l'OPEP tandis qu'elle resserre les liens avec ses anciennes colonies où jaillit le pétrole (Gabon, Cameroun, Congo). Elf, société pétrolière d'Etat, est utilisée comme un instrument de politique étrangère. Dans les années 1990 en Angola, on constate que la communauté internationale a abandonné à son sort le mouvement d'opposition supposé démocratique en partie parce que le pouvoir marxiste en place protège les structures nationales permettant aux pétroliers de travailler.

La présence américaine dans le golfe Persique

Au Moyen-Orient, les Etats-Unis jouent une partie diplomatique difficile, rendue possible seulement par leur statut de super-puissance. Ils assurent à la fois la protection de l'Etat d'Israël et des pétromonarchies du golfe Persique, où ils disposent de bases militaires dont la carte se superpose presque à celle des principaux gisements pétroliers (Arabie Saoudite) et gaziers (Qatar). La dynastie des Séoud en Arabie doit en partie sa pérennité à l'alliance américaine en vertu d'un accord remontant à 1945. Cette alliance résistera même à la nationalisation par les Saoudiens de l'ARAMCO en 1975. Mais cette présence sur la terre sainte de l'islam est perçue comme une agression par une bonne partie du monde musulman. L'attentat du 11 septembre 2002 est une manifestation extrême de ce sentiment. Simultanément, ils conservent un soutien constant à l'Etat d'Israël au détriment des Palestiniens, à la cause desquelles sympathise la majorité des Arabes et même des musulmans non-arabes. Parallèlement, ils maintiennent une politique de boycott pétrolier (initialement destinée à empêcher la contagion islamiste) vis-à-vis de l'Iran et de la Libye. Ils tenteront également de mettre l'Iran au ban de la communauté internationale au moyen de la loi d'Amato : cette loi américaine interdit tout investissement important en Iran, quelle qu'en soit l'origine. Enfin, les deux "guerres du Golfe" de 1991 et 2003 indiquent clairement la volonté des Américains de maintenir une influence prépondérante et une implantation durable dans cette région stratégique qui recèle les deux tiers des réserves prouvées mondiales de pétrole.

Le pétrole et le gaz vus par les pays producteurs :

Des matières premières aux vertus ambigues

Un moyen de pression du Sud sur le Nord

Au lendemain de la Seconde Guerre mondiale, le contexte politique des pays producteurs est bouleversé. Au Proche-Orient, Israël, qui s'institue en Etat en 1948, est immédiatement attaqué par ses voisins arabes et sort du conflit en vainqueur : c'est la première des guerres israëlo-arabes. Les suivantes (1967, 1973) auront des conséquences pétrolières. Partout, la décolonisation se met en marche, accompagnée d'une forte poussée nationaliste. Sous l'angle économique, il s'agit aussi d'un "nationalisme des ressources" : la souveraineté permanente des Etats sur les ressources naturelles nationales est confirmée en 1962, lors d'une assemblée générale des Nations-Unies. Théoriquement, l'exploitation des richesses naturelles doit permettre le développement des pays du Sud. Ceux-ci veulent aussi affirmer leur autonomie en échappant à l'emprise soviétique ou américaine, en pleine guerre froide. Mais les "non-alignés" représentent un fort enjeu politique. Le cas des deux crises du canal de Suez illustre bien le contexte politique dans lequel se déroule le jeu pétrolier après la Seconde Guerre mondiale (*voir : Canal de Suez*).

Les forces pétrolières du Moyen-Orient

Le premier atout est la richesse du sous-sol. Celle-ci permet d'abord une production abondante. Entre 1949 et 1970, la production pétrolière mondiale s'est multipliée par 2, mais celle de l'Arabie Saoudite s'est pratiquement multipliée par 8, celle du Koweït par 10. La production de la zone représente aujourd'hui le tiers de la production

Le canal de Suez, de 1956 à 1967

Le Canal de Suez relie la mer Rouge à la mer Méditerranée en traversant l'Egypte. Le commerce pétrolier y représente les trois quarts du commerce total en volume. C'est typiquement le fruit du capitalisme occidental européen du XIXème*, construit par les Français puis administré par les Anglais jusqu'à ce que Nasser arrive au pouvoir avec la bénédiction de l'URSS. Recherchant un financement autonome au projet du barrage d'Assouan sur le Nil, il nationalise le canal en 1956. Il passe ainsi sous son contrôle l'approvisionnement pétrolier de l'Europe en provenance du Proche-Orient. Les Français et les Britanniques montent une expédition militaire qui tourne au fiasco : Nasser bloque le canal en y coulant des bateaux. Les pays arabes solidaires cessent de fournir la France et la Grande-Bretagne en pétrole. Le prix du pétrole augmente, car son coût de transport augmente (il faut désormais contourner l'Afrique). Enfin l'URSS et les USA s'opposent à cette opération. Incapables de résister à leur pression, Français et Britanniques se retirent.*

La situation se répète en 1967, mais avec un résultat inverse. Cette fois, Nasser veut empêcher les Israéliens d'accéder au golfe d'Aqaba, devenu leur porte sur la mer Rouge et donc au pétrole du Proche-Orient. Les Israéliens précèdent la menace par une invasion-éclair du Sinaï : c'est la Guerre des 6 jours. Au passage, ils s'emparent de champs pétroliers égyptiens. Ils sont soutenus par la majorité des Européens. Les pays arabes non encore arrimés aux Etats-Unis envisagent des mesures de rétorsion pétrolière et se rapprochent, en dépit de leur volonté d'indépendance, de l'URSS. Mais ils réalisent qu'une telle politique représente une privation de revenus. De plus, la production américaine supplée aux manques occidentaux. C'est la prise de conscience que l'arme du pétrole est d'un usage difficile et dangereux.

mondiale.

Les conditions de production étant bonnes, le prix de revient du baril est très compétitif : au début des années 1960, le prix du brut américain était d'environ 3 $/ baril et celui du brut moyen-oriental presque la moitié, tout en laissant des bénéfices confortables aux producteurs et aux Etats.

L'importance de leurs réserves est cruciale : c'est cette importance qui assure leur position prédominante à long terme sur le marché du pétrole. C'est aussi la raison pour laquelle la zone se transforme régulièrement en champ de bataille, économique ou directement militaire.

Des instruments politiques : les nationalisations, l'OPEP, la régulation des prix du pétrole

L'OPEP

En 1960, l'Arabie Saoudite, l'Iran, l'Irak, le Koweït, auxquels se joint le Venezuela, fondent l'OPEP (Organisation des Pays Exportateurs de Pétrole, OPEC en anglais). A partir de 1967, les pays arabes se retrouvent aussi dans l'OPAEP (Organisation des Pays Arabes Exportateurs de Pétrole). Aujourd'hui, L'OPEP rassemble 11 pays : aux premiers se sont joints les Emirats Arabes Unis, le Nigeria, la Libye, l'Indonésie, l'Algérie, le Qatar. Elle constitue donc le premier groupe de producteurs de pétrole au monde (38% de la production mondiale en 2000), devant le continent nord-américain. Ses membres sont les détenteurs de réserves les plus importantes au plan mondial. Les pays consommateurs, quant à eux, se retrouvent au sein de l'AIE (Agence Internationale de l'Energie), fondée en 1974 sur une initiative américaine en réaction au choc pétrolier de 1973. Mais celle-ci n'a pas de véritable rôle politique : elle est vouée à l'information et à la gestion des éventuelles pénuries.

Au cours des années 1960, les Etats récupèrent la maîtrise de leur production par la nationalisation de leurs ressources. Le Mexique avait montré l'exemple dès 1938, l'URSS auparavant. La nationalisation menée en Iran en 1953 échoue du fait du boycott européen sur la production, mais n'empêche pas l'épidémie : entre 1961 et 1979, l'Irak, l'Algérie, l'Arabie Saoudite, la Libye, le Koweit, l'Iran finalement expulsent les compagnies étrangères et développent leurs compagnies nationales *(voir chapitre 7)*.
La solidarité entre pays producteurs amplifie leur action. L'OPEP veille au maintien des prix du pétrole. En 1973, à l'occasion de la guerre du Kippour, les pays consommateurs manifestent leur solidarité avec Israël.
En réponse, les pays producteurs font s'envoler les prix du pétrole (*voir courbe des prix, chapitre économie*) contribuant à plonger le monde dans une longue crise économique.
C'est le premier choc pétrolier.
Comment les pays producteurs peuvent-ils fixer le prix du pétrole ? Tout simplement en jouant sur les quantités disponibles sur le marché. Cela suppose une discipline interne qui fonctionne effectivement pendant les année 1970. L'Arabie Saoudite, qui est au cœur du dispositif, est celle qui respectera le plus rigoureusement cette discipline.
Mais celle-ci suppose une véritable unité d'action, car elle repose sur un sacrifice partiel des revenus des pays pétroliers, chaque pays disposant d'un certain quota de production au sein de l'OPEP.

Répartition des réserves prouvées dans le monde en 2002

Rang	Pays	Réserves prouvées en Gb	Part du total mondial en %
1	Arabie Saoudite	262	25%
2	Irak	112	10,7%
3	Emirats Arabes Unis	98	9,3%
4	Koweit	97	9,2%
5	Iran	90	8,6%
6	Venezuela	78	7,4%
7	Russie	60	5,7%
8	Etats-Unis	30	2,9%
9	Libye	29	2,8%
10	Chine	24	2,3%
11	Nigeria	24	2,3%
12	Mexique	13	1,2%

L'implosion de l'OPEP et le contre-choc pétrolier

Les compagnies pétrolières internationales sont expulsées d'Iran au lendemain de la révolution khomeiniste, en 1979. La désorganisation de la production qui s'ensuit amène une nouvelle flambée des prix : c'est le second choc pétrolier.
Mais une guerre éclate bientôt entre l'Iran et l'Irak. L'enjeu est idéologique, le régime irakien étant laïc, mais aussi pétrolier : l'Irak revendique le contrôle des débouchés maritimes du golfe Persique et une région pétrolifère, le Chatt-el-Arab, avec la bénédiction des Occidentaux, inquiets de l'expansion d'un islamisme iranien fortement anti-américain au Moyen-Orient. Pour financer cette guerre, l'Iran et l'Irak outrepassent largement leurs quotas de production.
Les autres membres de l'OPEP se considèrent lésés, et des quantités de brut toujours plus importantes sont proposées sur les marchés. Les prix baissent, la discipline de l'OPEP se dissout, L'Arabie Saoudite finit elle-même par y renoncer en 1985 : c'est le contre-choc pétrolier.
Le système actuel relève d'un consensus : le prix du pétrole varie dans une fourchette agréée entre pays producteurs de l'OPEP de 22 à 28 $ / baril.

Le pétrole, un outil de développement ?

La maîtrise de la production pétrolière devait servir de base au développement du Sud, en fournissant des revenus permettant une industrialisation accélérée. La juste rémunération des matières premières, premières productions des pays en développement, paraît d'une légitimité incontestable. Elle n'a pas pour autant toujours eu l'effet attendu.
Entre 1971 et 1977, les revenus des pays de l'OPEP ont plus que décuplé, ouvrant de considérables possibilités d'investissements. De plus, jouissant de la garantie que représente la production pétrolière, certains pays producteurs se sont lourdement endettés. L'Algérie par exemple, héraut d'un développement par les “industries industrialisantes”, a implanté des industries lourdes, coûteuses, qui se révèlent des échecs. Parallèlement, elle a négligé son secteur agricole : elle est devenue forte importatrice de produits alimentaires.
Dans les pays du Moyen-Orient faiblement peuplés, les équipements somptuaires se sont multipliés. Les revenus du pétrole ont aussi été placés dans des entreprises européennes ou américaines. En achetant massivement des bons du Trésor américain, la péninsule arabique s'est amarrée à l'économie américaine.
La manne pétrolière a également servi à alimenter des banques et des fonds de solidarité à travers le monde arabe et musulman, et à financer des mouvements politiques tels que l'OLP.
Enfin, une bonne partie de la rente pétrolière est consacrée à l'achat d'armement.
Les investissements et placements issus de la rente pétrolière ont permis aux pays occidentaux de récupérer en partie les fonds perdus avec l'augmentation des prix du pétrole.
Ces tendances lourdes se vérifient toujours aujourd'hui dans le golfe Persique, zone en instabilité permanente.
La manne pétrolière reste inégalement répartie au sein des pays producteurs eux-mêmes. Pire, elle constitue un enjeu de pouvoir à l'échelle nationale, suscitant des guerres civiles comme la guerre du Biafra au Nigeria, entre 1967 et 1970 (la région pétrolifère du Biafra a voulu se détacher de l'ensemble du pays et s'est finalement épuisée sans résultat) ou, plus récemment, des luttes armées comme au Congo.

Dépenses militaires des Etats du Golfe Persique en 2000

	En % du PIB
Arabie Saoudite	13%
Koweit	9%
Emirats Arabes Unis	3%
Iran	3%
Oman	13%

La dureté des luttes internes pour le contrôle du pouvoir dans des pays comme l'Algérie, l'Iran, la Birmanie et bien d'autres s'explique au moins en partie par l'existence de “rentes” pétrolières ou gazières.

Pétrole, gaz et problèmes géopolitiques

Parce qu'elle représente une immense source de richesse et de pouvoir, toute production pétrolière pose un problème politique. Inversement, on constate que les problèmes de politique internationale, depuis 1945, ont souvent une dimension pétrolière.
En voici deux exemples : l'Irak et les guerres du Golfe, le pétrole de la mer Caspienne.

Un problème politique à dimension pétrolière : les guerres du Golfe

En 1990, après sept ans de guerre inutile et sanglante contre l'Iran, l'Irak voit dans l'invasion du Koweït le moyen de prendre le leadership pétrolier du monde arabe. Le Koweït est un minuscule Etat indépendant, frontalier de l'Irak, mais le quatrième au monde par ses réserves pétrolières. Cette invasion représente une violation évidente du droit international. Sous l'égide des Nations-Unies, une coalition internationale dirigée par les Etats-Unis et à laquelle participent la majorité des Etats européens et arabes rétablit la souveraineté du Koweït. Cette expédition s'arrête avant Bagdad, laissant en place le régime de Saddam Hussein. Un régime de sanctions contre l'Irak est mis en place par l'ONU, dont un embargo pétrolier. Il sera assoupli par le dispositif "Pétrole contre nourriture". En 2003, le Président américain Bush junior, fils du président Bush senior qui avait mené la première guerre du Golfe, décide d'intervenir en Irak. En l'absence de motivation fondée en droit, les Nations-Unies ne cautionnent pas initialement l'intervention militaire anglo-américaine. Le contrôle des gisements pétroliers irakiens ne constituent sans doute pas la motivation majeurs des Américains. Leur objectif, outre la lutte contre le terrorisme, semble plutôt d'établir une situation politique contrôlable dans un Proche-Orient imprévisible et stratégique. En effet c'est de cette région que dépend la régularité de l'approvisionnement pétrolier du monde. Pour les Etats-Unis, premier consommateur mondial de pétrole, cette question est essentielle.

Un problème pétrolier à dimension politique : le pétrole de la mer Caspienne

De nouveaux gros gisements pétroliers ont été récemment découverts en mer Caspienne, en particulier au Kazakhstan. Premier problème : la Caspienne est une étendue d'eau fermée, bordée par cinq pays différents, au statut non défini. Selon qu'elle est considérée comme une mer ou comme un lac, les droits de ces pays riverains sont différents. Deuxième problème : comment acheminer le brut de ces pays jusqu'aux consommateurs ? Plusieurs trajets de pipe-lines sont envisagés pour rallier les ports de la mer Noire, de la mer Méditerranée ou du golfe Persique, avant le transport par tanker. La Russie propose de l'évacuer dans son ancien réseau d'oléoducs, destiné d'abord au transport du pétrole de Bakou. Les Etats-Unis favorisent un projet joignant Bakou à Ceyhan, port turc : la Turquie leur est clairement alliée. Les compagnies pétrolières, américaines ou européennes, penchent pour un tracé "politiquement incorrect" mais plus économique, traversant l'Iran pour rejoindre le golfe Persique. Enfin, les pays asiatiques, dont la consommation pétrolière s'accélère en même temps que leur développement, comme la Chine et l'Inde, suggèrent la construction d'immenses oléoducs à travers l'Asie centrale les ravitaillant directement.

Géopolitique pétrolière et éthique : contradiction ou question d'image ?

Total en Birmanie, Elf au Gabon et au Congo, Shell au Nigéria, BP en Colombie et dans l'Arctique, Mobil en Indonésie, Texaco en Equateur… On pourrait énumérer longtemps les situations où les compagnies pétrolières sont mises en accusation. Il n'est pas question de déterminer ici qui a tort ou raison, mais quels sont les problèmes moraux liés à l'industrie pétrolière.

Les accusations sont généralement portées sur les compagnies pétrolières d'origine occidentale privées, sur deux thèmes, l'un écologique, l'autre strictement politique. Les destructions de l'environnement sont reliées aux accidents (par exemple les marées noires) et aux émissions de gaz à effet de serre dus à la consommation d'hydrocarbures. Sur le plan politique, les compagnies pétrolières sont considérées comme les soutiens des dictatures en place dans les pays producteurs. Eveillée par les actions des ONG, la sensibilité des opinions publiques occidentales aux questions morales liées à l'économie va croissante. Cette préoccupation pénètre le monde économique - on a vu apparaître des fonds d'investissements éthiques - et met les compagnies pétrolières en porte-à-faux. Leur activité se déploie dans les zones politiquement instables où sont localisées les ressources : on a vu quelles étaient les zones majeures de production et de réserve. Elles sont peu réputées pour leur stabilité politique ou leur respect de la démocratie, des droits de l'homme ou de la femme. D'autre part, les compagnies pétrolières ne maîtrisent pas les destinées des revenus qu'elles versent aux Etats producteurs, dans le cadre des contrats pétroliers, mais elles constituent une formidable source de richesse qui peut à elle seule susciter des tensions voire des guerres civiles. Leur image s'en trouve dégradée.

Les efforts des compagnies pétrolières à ce sujet sont concentrés en interne, par l'adoption de codes de conduite spécifiques. A l'échelle locale, l'installation d'exploitation pétrolières s'accompagne souvent de la mise en place de dispensaires, d'écoles, de hauts salaires par rapport aux critères locaux.

Sur le plan écologique, elles tentent d'atténuer l'impact de l'exploitation pétrolière sur l'environnement local par une amélioration des procédés. Elles étendent aussi de façon importante leur activité aux énergies renouvelables. Sans doute est-ce pour s'inscrire dans une démarche de développement durable, une expression magique pour améliorer leur image en même temps qu'une véritable préoccupation, peut-être aussi parce que les compagnies pétrolières sont les premières à savoir que les productions pétrolières et gazières connaîtront un jour un déclin.

Certaines d'entre elles participent au moins médiatique "Global Compact" : suivant une initiative de l'ONU, elles s'engagent à respecter quelques principes fondamentaux issus de la déclaration des droits de l'homme, de la déclaration des droits de l'homme au travail et de la déclaration de Rio. Ces efforts ne règlent en rien, en revanche, la critique qui leur est adressée dans le domaine politique.

Compte tenu des enjeux écologiques et moraux liés à la production pétrolière, la question éthique se pose aussi au consommateur de produits pétroliers : pouvons-nous, sans nous priver, réguler notre consommation d'énergie et de produits dérivés ? Des économies d'énergie sont possibles. Pour le particulier, le vélo, le train, les doubles-vitrages, les ampoules à basse consommation sont quelques-uns des mille petits gestes qui peuvent à la fois diminuer la facture et les tensions liées à l'or noir. A terme, ces gestes citoyens risquent de devenir des comportements impératifs du fait des contraintes environnementales ou économiques.

Beyond Petroleum : production d'énergie solaire photovaltaïque du Moyen-Orient par le groupe BP.

Pétrole, gaz et autres énergies au XXIème siècle

Le XIXème siècle fut celui du triomphe du charbon et le XXème siècle celui du triomphe du pétrole, puis du gaz. Vers la moitié du XXIème siècle, le déclin du pétrole puis du gaz vont-ils laisser la place à l'émergence d'un nouveau champion - les énergies renouvelables ou les énergies nucléaires - ou va-t-on assister à l'émergence d'un monde énergétique très diversifié, dans lequel on aura besoin d'utiliser toutes les sources d'énergies primaires à notre disposition ?

Différentes questions doivent être prises en compte :
- la question des ressources et des réserves
- les questions d'environnement
- les forces et faiblesses des énergies renouvelables
- les forces et faiblesses des énergies nucléaires
- l'importance de la question des économies d'énergie.

La question des ressources et des réserves

Cette question est débattue presque depuis les origines de l'industrie pétrolière : dès le début du XXème siècle il y eut des pessimistes prédisant la fin du pétrole pour demain ou après-demain. Les faits leur ont jusqu'ici donné tort, et on a toujours trouvé plus de réserves et produit plus de pétrole. Aujourd'hui les opinions relatives à cette question peuvent être classées en trois catégories :

- les optimistes : l'industrie pétrolière peut encore croître fortement, avec une production mondiale atteignant près du double de la production 2002-2003, soit 140 ou 150 Mb/jour (millions de barils par jour) vers 2040-2050.
- les pessimistes : la production mondiale plafonnera dès 2005-2010, à un niveau de l'ordre de 85 Mb/jour, soit un peu plus que le niveau 2002-2003 d'environ 75 Mb/jour.
- les réalistes : on utilisera ici ce terme pour désigner ceux qui pensent que la production pétrolière mondiale plafonnera vers 100 Mb/jour, à une date se situant ente 2015 et 2025.

Pétroles conventionnels et non conventionnels

Cette distinction se retrouve dans de nombreux ouvrages et statistiques, mais elle n'a pratiquement plus de sens. Il y a encore quelques années on appellait "non conventionnels" des pétroles que l'on ne savait pas encore produire tels les bruts ultra-lourds ou ceux situés en offshore profond.

Dans tous les cas les chiffres cités sont relatifs à la totalité des productions d'hydrocarbures liquides naturels (conventionnels, non conventionnels et condensats de gaz naturel). Cette question est la plus importante parmi celles auxquelles l'industrie pétrolière devra faire face.

Le XXIème siècle devrait donc voir le pic puis le déclin de la production pétrolière mondiale, mais ce déclin sera probablement très progressif, car il s'accompagnera de hausses des prix qui permettront d'extraire de nouvelles réserves à partir des ressources déjà découvertes.

A la fin du XXIème siècle, on produira encore du pétrole, mais beaucoup moins qu'aujourd'hui. Que le déclin des productions d'hydrocarbures liquides commence en 2010, 2020 ou 2040 n'a d'ailleurs pas une très grande importance lorsqu'on envisage l'avenir sous l'angle du développement durable, donc du long terme.

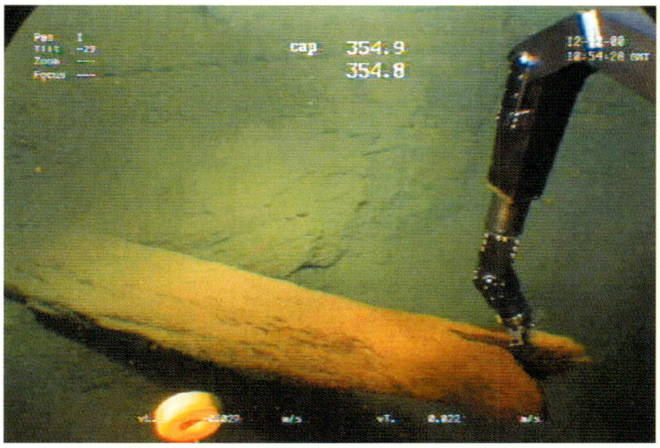

Des robots sous-marins sont utilisés pour l'exploration.

Paradoxalement, ce déclin de la production pétrolière, probablement dès 2020 et en tous cas au cours de la deuxième moitié du XXIème siècle, pourrait être l'âge d'or de l'industrie pétrolière : âge d'or pour les explorateurs et les producteurs grâce aux prix élevés, âge d'or pour les raffineurs et pour les pétrochimistes qui auront à produire les carburants synthétiques ou l'hydrogène qui viendra remplacer le pétrole, en particulier dans le secteur des transports.

Les questions d'environnement

L'avenir des différentes sources d'énergies primaires et des différents vecteurs énergétiques (électricité, hydrogène) va aussi être très fortement influencé par les questions liées à notre environnement.
On a vu qu'une première question était celle de l'effet de serre et du risque de changement climatique. Comme pour les réserves, il existe différents points de vue et les évaluations diffèrent largement à l'horizon d'un siècle.

- Vision optimiste : la température moyenne mondiale augmentera de 1 à 2° C dus à l'effet de serre additionnel lié aux activités humaines, mais d'autres phénomènes climatiques naturels pourront jouer en sens inverse et au total les effets climatiques seront mineurs, même si la teneur en CO_2 de l'atmosphère en 2100 atteint 700 ou 800 ppm (contre 370 actuellement).
- Vision pessimiste : la température moyenne mondiale pourrait augmenter de 5 à 6°C d'ici 2100, soit une augmentation plus forte qu'entre le pic de la dernière grande glaciation (vers -15 000 ans), (où Londres et Paris étaient à proximité des calottes glaciaires...) et le climat actuel. De plus cette augmentation serait liée à un fort accroissement des variabilités et des instabilités climatiques, aggravant les risques pour les sociétés humaines. Ces dérèglements climatiques pourraient de plus entraîner des modifications des grands courants océaniques, et donc d'autres catastrophes climatiques. Enfin, à plus long terme, ces hausses de température entraîneraient la fonte des calottes glaciaires d'eau douce gelée du Groenland et de l'Antarctique, avec une forte hausse du niveau des océans d'ici quelques siècles.

Seuls les efforts soutenus de toute la communauté scientifique internationale, et en particulier des climatologues, nous permettent d'espérer y voir plus clair d'ici dix ou vingt ans. La seule chose sûre est qu'il va nous falloir adopter des modes de croissance économique, et donc des modes de vie, moins consommateurs d'énergie. En ce sens, des efforts internationaux comme le protocole de Kyoto vont dans la bonne direction, malgré toutes les imperfections de cet accord. En effet, une réduction des émissions de gaz à effet de serre s'accompagne inévitablement d'une réduction des consommations d'énergies fossiles, ce qui a l'avantage de retarder les fameux "pics" des productions mondiales de pétrole et de gaz. Le charbon sera lui aussi fortement touché par les évolutions à venir : étant le plus gros émetteur de gaz à effet de serre par quantité d'énergie thermique ou électrique produite - même lorsqu'il s'agit de centrales électriques dites "à charbon propre" - le charbon sera, à terme, l'énergie fossile la plus pénalisée face à la question du changement climatique, sauf si on peut maîtriser à un coût raisonnable la ségrégation du gaz carbonique.

Inventaire de la faune et de la flore sur un fond marin corallien.

Hydrocarbures, énergies renouvelables énergies nucléaires

Les sources d'énergies non fossiles, donc non carbonées, se rangent, comme on l'a vu (*voir chapitre 2*) en deux familles : les énergies dites renouvelables ou permanentes et les énergies nucléaires. La grande question est celle de l'importance relative que pourront prendre dans cinquante ou cent ans ces deux familles d'énergies.

On souhaiterait pouvoir compenser le déclin inévitable à terme des productions d'énergies fossiles par un recours massif aux énergies renouvelables : énergie solaire, éolienne, biomasses, géothermie et énergie des mers pour l'essentiel. Les limitations au développement de ces énergies sont liées à leur caractère diffus et souvent intermittent, qui entraînent soit des coûts très élevés (solaire photovoltaïque) soit des contraintes liées à la continuité (éolien), soit des limites physiques : la biomasse ne peut remplacer les énergies fossiles, même en consacrant toutes les terres cultivables à la production d'énergie... ce qui est évidemment impossible.

Face à ces limitations il est tentant de se tourner vers le nucléaire qui ne pose pas ces problèmes... mais qui en pose d'autres, et pas des moindres : la question des risques propres au nucléaire, la question des combustibles usés ou "déchets nucléaires", la question des liens entre nucléaire civil et nucléaire militaire.

En fait le principal obstacle sur la route d'un développement massif du nucléaire semble être le refus instinctif de nombre d'entre nous à accepter les risques propres à cette énergie, même si les scientifiques nous assurent que ces risques sont déjà aujourd'hui très limités. On peut penser que, pour que les objections disparaissent, il faudrait pouvoir disposer dans quelques dizaines d'années (disons entre 2020 et 2050) de nouveaux types de centrales ou de "filières nucléaires" permettant de répondre aux principales objections faites aux centrales et filières actuelles. Il faudrait de plus que ces nouvelles filières soient "durables" et donc qu'elles utilisent efficacement les matières fissiles (uranium, thorium, plutonium) ce qui inévitablement impliquera à terme (2050 ou 2100) le recours aux centrales surgénératrices, puis à très long terme (après 2100 probablement) aux centrales à fusion. Ce sont là des mutations technologiques majeures, techniquement complexes, chères à mettre au point. Là aussi on peut penser que seul des efforts coordonnés au plan mondial permettront de relever avec succès ces défis.

Verra-t-on demain la production d'hydrogène ou de carburants de synthèse assurée à partir de l'énergie nucléaire ?

FORASOL

Le besoin d'un recours à toutes les énergies et aux économies d'énergie

Toutes les sources d'énergie seront employées tout au long du XXIème siècle. Le déclin du pétrole puis du gaz et la hausse des coûts liés à l'émission de gaz à effet de serre vont bouleverser progressivement la scène énergétique. Ces bouleversements devaient se traduire à moyen terme (2010 ? 2020 ? 2030 ?) par une hausse importante des prix des énergies, hausse par ailleurs nécessaire pour régler plusieurs problèmes essentiels :

- ralentir les consommations des stocks d'énergies non renouvelables (énergies fossiles), et émetteurs de gaz à effet de serre (risque climatique),
- inciter aux économies d'énergie par tous les moyens possibles dans tous les secteurs de consommation,
- rendre économiques ou plus économiques les énergies diffuses ou énergies de flux renouvelables (solaire, éolien, biomasse etc),
- rendre accessibles à tous les énergies nucléaires et les rendre compétitives au-delà de la production d'électricité (production de chaleur, production d'hydrogène, dessalement de l'eau de mer).

La réussite d'une transition vers le milieu du XXIème siècle vers un développement plus sobre en énergie, et faisant une part plus grande aux énergies renouvelables et nucléaires est essentielle pour notre avenir. Dans ces évolutions, les diverses sources d'énergie seront de moins en moins concurrentes et de plus en plus complémentaires.

Déjà aujourd'hui une première étape de cette convergence est en train de se mettre en place : ce sont les sociétés pétrolières qui jouent de plus en plus le rôle de leader en matière d'énergies renouvelables (solaire, éolienne et même biomasse). On peut penser que demain ces convergences toucheront aussi les énergies nucléaires : très spécifiques du fait de leurs technologies et du rôle des Etats, elles joueront un rôle complémentaire à celui des énergies fossiles (amélioration des taux de récupération des gisements pétroliers, production de calories et d'hydrogène pour les industries pétrolières et pétrochimiques, contribution à la production de carburants synthétiques).

On voit se dessiner pour le XXIème siècle une nouvelle phase du développement des sources et des vecteurs d'énergie, reposant sur de très larges coopérations internationales, et dans lesquelles les actuelles sociétés pétrolières devraient jouer un rôle majeur : on ne sait pas aujourd'hui avec certitude si 2100 sera dominé par les énergies renouvelables ou par les énergies nucléaires, mais il est probable que les chefs de file de ces nouveaux groupes énergétiques s'appelleront encore BP, Esso, Shell, Total, ou qu'ils en seront les descendants.

étrole et biocarburants : des énergies complémentaires.

Crédit photographique et infographique

AIRPARIF
AGIP, archives
Berget Michel
Bernier Anthony
Bessard Pierre
Borowoski John
BP-France, archives et photothèque
CEDRE
Citroën
Collections personnelles
Compagnie générale de géophysique
COSMOS
Dufour Marco
Electricité de Strasbourg
ESSO S.A.S. France, archives et photothèque
EXXON-MOBIL, archives et photothèque
Francolon Jean-Claude
Ferrari
General Motors
Getty/Stone Images
Hirlé Lionel et Ronald
Houillères de Lorraine
Houlbreque Gérard
Huneau André
IFREMER
Kirchmeyer Jacques
Labelle Michel
Lecuivre Dominique
Nast Philippe
Masterfile Images
Musée Français du Pétrole - Pelchelbronn
Peugeot
Planet Observer
Photos x
Renault archives
Roussel Marc
Santelet Patrick
Schaff Philippe
Schmitt Daniel
SHELL France, archives et photothèque
SOPREMA
Triumph International/Anstett
TOTAL, archives et photothèque
U.S. Army archives
Zylbermann Laurent

Directeur de la Publication
Marie France Hirlé-Dehlinger

H.E.C.
HIRLE EDITIONS & COMMUNICATION
131 rue Boecklin
67000 Strasbourg
tél. 03 88 41 85 01

Conception graphique
Studio Mark C. Ashcroft

Dépot légal 1er trimestre 2004
ISBN 2-914729-18-9